HISTORIA VISUAL DE LA INTELIGENCIA

JOSÉ ANTONIO MARINA TORRES (Toledo, 1939) es un filósofo, escritor y pedagogo español. Catedrático de Filosofía en el instituto madrileño de La Cabrera y doctor *honoris causa* por la Universidad Politécnica de Valencia, ha obtenido numerosos galardones a lo largo de su trayectoria profesional entre los que se encuentran el Premio Nacional de Ensayo, el Premio Anagrama de Ensayo, el premio Giner de los Ríos de Innovación Educativa, el Premio de Periodismo Independiente Camilo José Cela, el Premio Juan de Borbón al mejor libro del año, la medalla de oro de Castilla-La Mancha y la medalla de oro de la ciudad de Toledo.

Su labor investigadora se ha centrado en la elaboración de una teoría de la inteligencia que comienza en la Neurología y termina en la Ética. Su interés por la filosofía práctica le ha llevado a emprender diferentes proyectos educativos, sociales y empresariales, que son una muestra de lo que investiga y defiende en su obra escrita. Es presidente de la Fundación Educativa Universidad de Padres, que tiene por objetivo ayudar a los padres en el proceso educativo de sus hijos.

Dirige la Cátedra Universidad Antonio Nebrija sobre Inteligencia Ejecutiva y Educación para estudiar el modo de generar talento; además, es miembro del comité científico de la Fundación Alcohol y Sociedad.

Asimismo, es autor de numerosos libros, entre los que cabe citar *Teoría de la inteligencia creadora* (1993), *Por qué soy cristiano: teoría de la doble verdad* (2005), *El cerebro infantil. La gran oportunidad* (2011), *La inteligencia ejecutiva* (2012), *Despertad al diplodocus* (2015) y *Objetivo: Generar talento* (Conecta, 2016).

MARCUS CARÚS es arquitecto, ilustrador y cineasta. Enamorado de las metáforas visuales, las usa para narrar gráficamente sus vídeos, las dibuja en directo en espectáculos musicales e ilustra cuentos y libros como este, siendo la filosofía un campo especialmente acertado para maridar con el dibujo conceptual.

En Instagram se le conoce también como Marcus_pixel, donde puede verse su verdadera dibu-grafía.

JOSÉ ANTONIO MARINA

HISTORIA VISUAL DE LA INTELIGENCIA

DE LOS ORÍGENES DE LA HUMANIDAD
A LA INTELIGENCIA ARTIFICIAL

ilustrado por
Marcus Carús

COORDINADO POR CORTIJO ENRÍQUEZ

CONECTA

Primera edición con esta encuadernación: febrero de 2025

© 2019, José Antonio Marina
© 2019, 2025, Penguin Random House Grupo Editorial, S.A.U.
Travessera de Gràcia, 47-49. 08021 Barcelona
© 2019, Marcus Carús, por las ilustraciones

Printed in Spain – Impreso en España

ISBN: 978-84-18053-82-5
Depósito legal: B-22.322-2024

Impreso en Liber Digital, S. L.
Casarrubuelos (Madrid)

CN53825

A los seres humanos,
con curiosidad

Además de con palabras, este libro está escrito con dibujos que son de diferentes naturalezas: unos son mapas mentales para recorrer, otros son jeroglíficos para descifrar, otros cuentan historias que complementan al texto y algunos son meras ilustraciones para mirar. Dejamos al lector el juego de distinguir unos de otros.

Índice

 **PRÓLOGO**  10

1 Genealogía del **PRESENTE**  16

2 La APARICIÓN de los Animales **ESPIRITUALES**  50

3 el *Fantasma* en la **MÁQUINA**  80

4 Una Nueva **FUERZA EVOLUTIVA**  106

 **5** la **CO-EVOLUCIÓN**  130

 **6** el **Cazador** se vuelve **CIUDADANO**  152

 **7** la GRan Revolución **ESPIRITUAL**  178

 **8** **REBELDES** o Sumisos  202

 **EPÍLOGO**  228

AUTObio(biblio)GRAFía  248

PRÓLOGO

USBEK

« He cuidado atentamente de no burlarme de las acciones humanas, no deplorarlas, ni detestarlas, sino entenderlas. »

BARUCH SPINOZA, filósofo predilecto
de Usbek (*Tractatus politicus*, 1677)

Tuit 1. Si no le gustan los enigmas, los misterios o las intrigas, no siga

Muchas veces nos cuesta trabajo percibir lo que tenemos más cerca o aquello a lo que nos hemos habituado. Entonces resulta conveniente intentar distanciarse un poco para ver mejor. Por eso, en este libro vamos a utilizar un truco narrativo. Imaginaremos que un personaje de ficción al que llamaremos Usbek, miembro de una civilización muy lejana, nos visita para conocer el secreto de la especie humana y de sus creaciones. Quiere comprobar si hay algo en nuestro modo de vida que pudiera resultar interesante para llevárselo a su mundo. Acompañarle puede servirnos para recordar nuestra historia olvidada.

Lo primero que vería son las variadas muestras de nuestra cultura actual: las ciudades, el arte, las religiones, las armas, los sistemas sanitarios, los sistemas políticos, la música, siete mil lenguas diferentes, las potentes tecnologías de la información. Observaría conductas sin duda paradójicas. Los humanos necesitan vivir juntos, pero continuamente, por diversos motivos, se matan entre sí. Inventan muchas cosas, pero nunca parecen satisfechos con el resultado, porque siguen haciéndolo. Les gusta cambiar todo el tiempo. Los árboles o los animales cambian de aspecto dependiendo de las estaciones, pero los humanos se visten con ropa distinta todos los días. Tienen la capacidad de razonar, pero con frecuencia actúan irracionalmente. Una gran parte de la humanidad cree en seres que no ha visto nunca y se comporta de acuerdo con esa creencia.

No podemos comprender bien la inteligencia de Usbek, porque nos supera. Tiene la misma capacidad de lectura que un ordenador: llega a seiscientos millones de páginas por segundo mientras que nosotros no pasamos de seiscientas palabras por minuto. Posee una potentísima «memoria de trabajo», capaz de activar sus colosales sistemas de procesamiento, así como una gran capacidad de reconocer patrones en gigantescas masas de información, lo que los humanos llamamos «tecnología big data», y una variedad de esta tecnología que es encontrar parecidos remotos. En su cultura saben que se piensa siempre desde algo ya pensado. En la nuestra, también. Los primeros teólogos pensaron los dioses a partir de la idea de «soberano» que ya tenían. Los primeros físicos atómicos concibieron el átomo como un pequeño sistema solar. Es difícil conocer sus emociones, pero parece muy interesado en las nuestras. Por último, tiene un estilo muy visual de pensar, algo parecido a lo que los humanos llaman *visual thinking*, que es un modo de reflexionar que sintetiza muchos conocimientos en mapas conceptuales, gráficos o dibujos, y ese es el estilo que ha utilizado en su informe. Nos ha comentado que su civilización ha desarrollado un sistema de memoria holográfico, en cada uno de cuyos fragmentos resuena la información entera. Este libro es un comentario a su cuaderno de campo. Su estilo de pensar es tan rápido, tan incluyente, que a veces he tenido que averiguar de dónde ha podido sacar la información. No es que desconfíe de lo que dice; es solo que me gusta saber por qué lo dice.

Me presento. Soy el traductor de Usbek.

JAM

Genealogía del presente

Tuit 2. Usbek descubrirá que usted no sabe dónde termina usted y dónde empieza su cultura

Usbek quiere comprender a los sapiens. Esa es su misión, que tiene una finalidad práctica que me ha costado descubrir y que solo revelaré al final. Para cumplirla, debe observar lo que hacen y comparar unos hechos con otros para, de esa manera, percibir las diferencias. Además, necesita partir de cero, porque quiere comprender la evolución de la inteligencia humana. Lo que descubre a primera vista es que los humanos interactúan con el entorno, intercambiando con él energía e información, como hacen el resto de los seres vivos. Aunque viven en la misma realidad, en la naturaleza, cada especie la percibe a su manera, vive en su propio «nicho ecológico», en su «mundo». El mundo del perro y el de la garrapata que lo parasita son muy diferentes, como estudió un famoso científico llamado Von Uexküll. En 1959 apareció un artículo trascendental titulado: «Lo que el ojo de la rana dice al cerebro de la rana», de Jerome Lettvin. Mostraba que el «mundo» visual de la rana era muy pobre. Solo percibía sombras que aparecían en su campo o se movían. No veía ni las moscas que comía ni las otras ranas con las que convivía, ni nada que estuviera quieto. Solo sombras en movimiento.

Usbek ha estudiado también el mundo de una especie social eficacísimamente organizada: las hormigas. Construyen enormes hormigueros donde viven miles de individuos. Cada uno de ellos nace programado para realizar una función que repetirá eficientemente durante toda su vida. Hay hormigas obreras, guerreras, zánganos y reinas. Han hecho lo mismo durante milenios porque están sumamente bien adaptadas y no necesitan cambiar.

En comparación con otros seres vivos, los sapiens demuestran una variedad asombrosa y una sorprendente pasión por el cambio. Viven en ciudades muy diferentes, se visten, cocinan, hablan y piensan de distintas maneras, producen miles de objetos y amplían sus capacidades con herramientas de muchos tipos. Se cambian de traje para hacer deporte, ir al trabajo, durante el trabajo, para salir a cenar fuera y para dormir. Son terrestres, pero vuelan y practican submarinismo. Se han adaptado a todos los ambientes, es decir, son supervivientes natos, pero al mismo tiempo reconocen que tienen el poder de autodestruirse. Son fruto de la evolución, pero ahora saben que pueden cambiarla.

Usbek comprendió que el mundo en que viven los humanos no es la naturaleza, sino lo que ellos llaman «cultura», que es una mezcla de realidad y ficción. Un conjunto de invenciones que influyen en su modo de pensar, de sentir y de actuar. El planeta está cubierto de tupidas redes de información, de miles de millones de sensores, de carreteras, pantanos, ciudades, campos cultivados… Billones de mensajes se entrecruzan cada día. El contacto de los humanos con la realidad se da a través de muchos intermediarios: científicos, religiosos, mitológicos, poéticos, económicos y técnicos.

Esta fue la primera sorpresa que se llevó Usbek en su investigación. Si quería comprender a los sapiens, tenía que comenzar por comprender su cultura, todo aquello que se habían empeñado en construir a lo largo de milenios y que ahora es su verdadero «nicho ecológico», un mundo que le pareció que se iba apartando cada vez más de la naturaleza, como el Empire State Building se distancia de la cueva originaria.

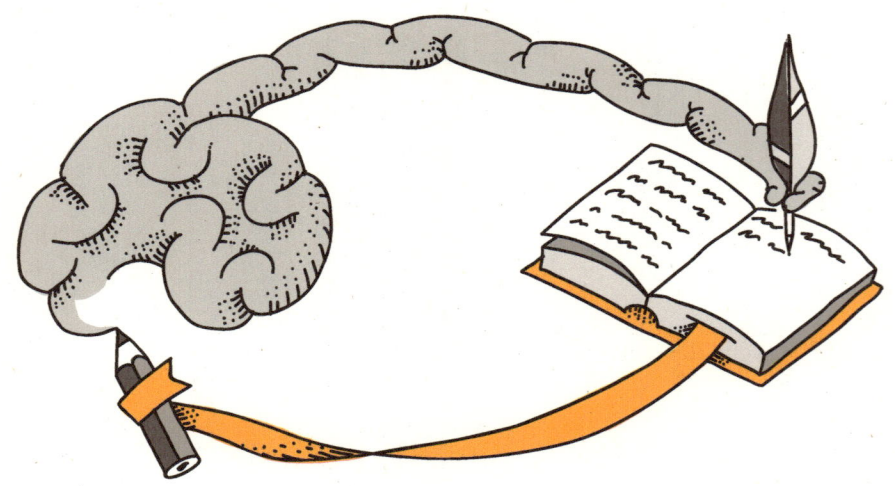

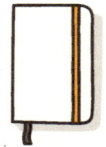 En su cuaderno de campo, Usbek ha escrito una fórmula que ha titulado:

El gran secreto

Sapiens = Biología + Cultura

Pero luego la ha tachado y ha escrito:

Sapiens = Bucle prodigioso

Cualquier escolar sabe que para comprender una ecuación hay que desarrollar sus componentes. «Biología» se refiere al organismo humano, es decir, a su cuerpo. También sabemos lo que es la cultura. Es el conjunto de todas las invenciones humanas que permiten a los sapiens resolver sus necesidades y cumplir sus expectativas. Incluye, pues, el lenguaje, las herramientas, las costumbres, los juegos, las armas, las instituciones, el arte, la ciencia, las religiones y la arquitectura. En resumen: «el mundo humano». Usbek piensa, con buen juicio, que a lo que estudia el «mundo humano» y sus creaciones debería llamársele «humanidades». Y en un anexo de su cuaderno titulado «Preguntas», ha escrito:

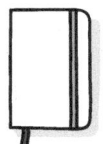

«¿Por qué los sapiens a principios del siglo XXI perdieron su tradición humanística?»

Los humanos hacen derivar todas esas creaciones de una propiedad mágica que denominan «inteligencia», a la que atribuyen poderes magníficos: resuelve problemas, inventa cosas nuevas, dirige el comportamiento, y muchas cosas más. Piensan que su sede está en una parte de su cuerpo, el cerebro, y dicen algo que a Usbek le extraña un poco: de la misma manera que otros órganos corporales tienen como función digerir, respirar o mover el cuerpo, el cerebro tiene como función pensar y, mediante el pensamiento, crear cultura. Usbek, que viene de una civilización muy avanzada, cree que es un salto apresurado. El hígado produce bilis y el páncreas insulina, pero tanto el órgano como el producto son realidades físicas. En cambio, el cerebro produce ideas, imágenes, sentimientos y hay un gran salto entre un nivel y otro. El organismo se mueve por reacciones fisicoquímicas, pero las matemáticas no. La teoría de la relatividad o la *Divina comedia* no son producidas por el cerebro como los jugos gástricos lo son por el estómago. Pertenecen a un nivel distinto. Uno es físico y al otro Usbek lo denomina provisionalmente «ideal».

Ha descubierto también que la inteligencia y la cultura se mueven en círculo: la inteligencia crea cultura y la cultura recrea la inteligencia. Por ejemplo, la inteligencia inventa el lenguaje, y el lenguaje rediseña la inteligencia. La inteligencia inventa la escritura, y la escritura rediseña la inteligencia. Es lo que Usbek llama «el bucle prodigioso». He de darle la razón, porque la ciencia ha demostrado que la cultura puede cambiar algunos elementos genéticos.

Tras contemplar satisfecho su fórmula, pensó que no entendía nada, pero que, por lo menos, sabía por dónde empezar a buscar y el método que debía emplear. Tenía que partir del mundo humano para intentar comprender las causas, el dinamismo, las motivaciones y los procesos que habían conducido hasta el presente. A partir de cada objeto, de cada acto, o de cada costumbre tenía que remontarse a su origen, a esa mítica inteligencia de la que al parecer derivaba todo. El método lo copió de los ingenieros que, cuando se enfrentan a un artefacto que no conocen, lo desmontan para intentar averiguar qué función tiene cada pieza, por qué está ahí o cómo la han fabricado. Lo llaman «ingeniería inversa». Usbek ha decidido emplear ese método genealógico en todas sus investigaciones:

Ingeniería inversa: Busca la genealogía de las máquinas y de las construcciones físicas humanas. Por ejemplo, los investigadores han reconstruido el proceso de tallado de piedras neolíticas, y los tecnólogos actuales desmontan las máquinas de sus competidores para descubrir sus secretos.

Historia inversa: Investiga la genealogía de los hechos históricos, de las instituciones y de las creencias.

Psicología inversa: Busca la génesis de la conducta. Esta es la genealogía más fundamental, porque los otros fenómenos derivan de la acción humana. Los humanos piensan que la inteligencia es una propiedad psicológica, pero Usbek sospecha que eso no es verdad del todo.

Usbek quiere remontar las aguas encrespadas de la historia a partir de nuestro presente. Ve volar un avión y su memoria, que es un destacado protagonista de esta narración, le dice que es la moderna realización de un viejísimo deseo humano. Las más remotas leyendas hablan de vuelos. Los chamanes aseguran que su espíritu vuela. Ícaro es solo una leyenda más. Pero la genealogía del deseo de volar tiene que unirse a la genealogía del propio avión, de su tecnología, y también de intereses más concretos que la impulsaron: la guerra, por ejemplo. Todo lo que rodea al sapiens resulta ser depósitos de memoria que es posible reactivar. Eso es lo que Usbek quiere hacer.

Tuit 4. Un detective husmea en la biblioteca y descubre que es una acumulación de herramientas

Usbek tiene ya decidida su hoja de ruta: buscar la genealogía de la cultura para así descubrir la inteligencia de la que deriva. ¿Cómo debe funcionar para poder realizar cosas tan sorprendentes como pintar, volar, emocionarse con palabras, trabajar para conseguir unos papelitos y luego comprar cosas con esos mismos papelitos a los que llaman «billetes», organizar sistemas políticos, producir millones de automóviles, trasplantar el corazón de una persona a otra, confiar en la medicina pero rezar a los dioses por la curación de los enfermos? Paseando por la ciudad entra en una exposición de instrumentos de tortura, y piensa que descifrar esos terribles aparatos también le permitiría conocer los abismos de la inteligencia de los sapiens.

Se le plantea un problema metodológico: la cultura es un fenómeno muy complejo. ¿De dónde debería partir? Necesita hacer una genealogía del presente, pero el presente es muy amplio. Sabe que una parte de la cultura se conserva en las bibliotecas y los museos, y decide visitar esas dos instituciones para comenzar a averiguar cómo es la inteligencia que las ha inventado.

La biblioteca es un lugar donde se guardan libros, es decir, información escrita. Es una ampliación de la memoria humana, que es una parte esencial de la inteligencia porque en ella se conserva toda la información y todas las habilidades que permiten manejarla bien, o actuar de manera habilidosa.

La escritura tardó mucho tiempo en inventarse. Primero se utilizaron signos mnemotécnicos, en China desde el séptimo milenio a. C., en la cultura balcánica de Vinca un milenio después, y en el valle del Indo dos milenios más tarde. La escritura propiamente dicha se inventó en paralelo en varios lugares. La cuneiforme en Mesopotamia alrededor del 3200 a. C., la escritura jeroglífica en Egipto hacia el 3100 a. C. En Creta y Micenas, alrededor del 2000 a. C. En las ciudades chinas del río Amarillo, hacia el 1400 a. C. En Mesoamérica, los símbolos mayas y zapotecas aparecen en los siglos V-III a. C.

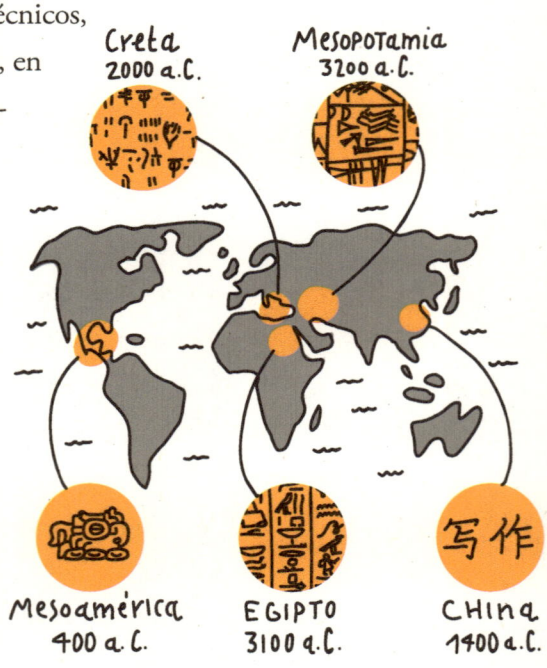

En su cuaderno de campo, Usbek se pregunta: «¿Por qué son tan frecuentes las invenciones en paralelo?».

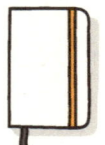

Encuentra semejanza en el reino vegetal. Las plantas han tenido que resolver un problema: dispersar sus semillas para que tengan más posibilidades de germinar, lejos de la planta madre, para no asfixiarlas. Unas, como los vilanos, las plumas y las hélices, son arrastradas por el viento. Otras han desarrollado garfios, o sustancias pegajosas para ser transportadas en el pelo o las plumas de los animales. Muchas están protegidas para no ser digeridas y viajar en el estómago de los animales. Algunas están diseñadas para que el agua las disperse. Y una en extremo ingeniosa, el pepinillo del diablo (*Ecballium elaterium*), dispara las semillas mediante un chorro líquido. Es un caso claro de invención en paralelo producida evolutivamente, un fenómeno que en la naturaleza ha sucedido muchas veces. El ojo, por ejemplo, ha sido reinventado en seis o siete ocasiones. La conclusión que Usbek saca es que los seres vivos generan de forma mecánica alternativas para cumplir una función beneficiosa, y las soluciones más eficientes son seleccionadas. Los sapiens heredaron esa capacidad y la mejoraron.

Las escrituras son muy diferentes. Las primeras fueron pictográficas. Se limitaban a representar un objeto con un signo. Como hay muchos objetos, resultaba muy complicado aprender tantos signos, por lo que fue difícil generalizar el aprendizaje de la escritura y de la lectura. Entonces surgió una invención genial. En vez de emplear los signos para representar objetos, ¿por qué no utilizarlos para representar sonidos? El repertorio de sonidos usados al hablar es limitado. Con muy pocos signos (por ejemplo, las letras del alfabeto) se pueden representar todas las palabras. Escribir y leer se hacía así más fácil.

A estas alturas, Usbek ya sabe que para comprender lo que hacen los humanos conviene remontarse a sus intenciones, a los motivos que movilizan su acción. ¿Para qué inventaron los sapiens la escritura? Podíamos pensar que un invento tan grandioso hubo de tener una finalidad grandiosa también. ¿Serviría para guardar las revelaciones de los dioses, los secretos rituales y las creaciones poéticas? Pues no. La tablilla escrita más antigua que se conserva era un asiento contable. Los inventores de la escritura querían preservar la memoria de las deudas, del número de reses, del precio de las cosas. Pero una vez inventada una herramienta, los humanos tienden a ampliar su utilidad, y eso fue lo que sucedió con la escritura. Se utilizó para guardar todo lo que una sociedad consideraba que merecía ser conservado. Y, además, sirvió para que las personas se comunicaran, mediante cartas, telegramas o whatsapps, por ejemplo.

Usbek considera que hay otra aplicación de la escritura que cambió de forma extraordinaria el funcionamiento de la inteligencia humana. Es una herramienta que permite pensar cosas que sin ella sería imposible pensar. Tal vez les extrañe que Usbek conciba la escritura como una herramienta, del mismo modo que lo es una llave inglesa o un destornillador. Y llegaría a escandalizarles si supieran que piensa que la idea de Dios, de nación o de alma son también herramientas. A mí me ha convencido y pienso que tiene razón. Una herramienta es un objeto inventado por los sapiens para aumentar sus posibilidades de acción, es decir, para hacer cosas que sin su ayuda resultan imposibles. Los científicos afirman que fabricar herramientas es una exclusiva humana. En sus viajes de inspección, Usbek ha encontrado unas herramientas físicas (los utensilios y las máquinas) que aumentan la capacidad física y unas herramientas mentales, que aumentan la capacidad mental. Una de ellas es la escritura. Usbek pone un ejemplo muy sencillo: multiplicar números grandes. 2.765.491.077 por 367.984. Mediante la escritura numérica resulta muy fácil, pero sin ella resulta imposible. Richard Feynman, un físico genial, decía que no escribía lo que pensaba, sino que pensaba lo que escribía. A su manera es también un *visual thinking*, un pensamiento basado en signos visuales. Algo semejante ocurre con la música. Beethoven no hubiera podido imaginar sus sinfonías sin disponer de la notación musical. De hecho, al final de su vida, completamente sordo, tenía que ver los sonidos en el pentagrama.

Usbek comprende que debe seguir adelante en la búsqueda genealógica a partir de las bibliotecas. La escritura tiene, por supuesto, como antecedente el lenguaje, pues lo que hace es convertirlo en signo gráfico. Pero nos adentramos así en terreno misterioso. Estamos llegando al comienzo de la historia humana, unos 200.000 años antes de nuestra era. Los lectores de este libro están pensando con palabras. Sin embargo, los sapiens que inventaron el lenguaje todavía eran mudos. Afásicos, más bien. O mejor aún, *infans*, infantes, que etimológicamente son «los que no hablan todavía». No se sabe bien cómo apareció el lenguaje, pero supuso una transformación radical de la inteligencia. Como no sabía dónde buscar, Usbek lo denominó «zona big bang», la zona del gran salto, de la gran diferencia. Hacia ella se dirigía.

Tuit 5. No se fíe de los cuadros de un museo. Usted no sabe a dónde le conducen

La visita a un museo de pintura da pie a Usbek para iniciar otra investigación genealógica. Los humanos dan un especial valor a esas representaciones plásticas. Ha visto otras que tienen un carácter práctico. Por ejemplo, los mapas, los planos de los edificios, los diagramas de los motores, las ilustraciones de tratados de medicina o de botánica… Pero los cuadros conservados en este museo tienen una cualidad y una finalidad particular. Los humanos consideran estas obras «artísticas», lo que quiere decir que demuestran la habilidad y el arte del autor, y también que producen en el espectador una emoción especial, que denominan «estética» y que se ha prometido estudiar.

Los cuadros que están colgados solo sirven para eso. Para ser vistos. No poseen ninguna utilidad práctica, aunque se han usado para muchas cosas: para decorar palacios, para conservar la imagen de una persona, para rituales religiosos, para hacer negocios… Pero eran aplicaciones que dependían de las dos primarias: demostrar una habilidad y producir una emoción. Lo más llamativo es que se trata de una actividad que se ha realizado en todos los países y en todas las épocas históricas. Las formas y los estilos han ido cambiando, pero la tradición pictórica no se ha perdido. Mejor sería decir «las tradiciones», porque un mismo objeto real –un árbol, por ejemplo– puede ser pintado de diferentes maneras por diferentes pintores sin que dejemos de reconocer que es un árbol. No lo pinta de la misma forma un artista occidental que uno oriental. En los animales no se da ninguna actividad parecida. Es cierto que algunos pájaros, como los tilonorrincos, decoran sus nidos para atraer a las hembras, pero esos adornos cumplen el mismo papel que la cola del pavo real. Son reclamos de cortejo dirigidos instintivamente.

Siguiendo aguas arriba la corriente de la tradición plástica, Usbek ha llegado a las primeras manifestaciones de algo parecido a la pintura. Alrededor de 30.000 años antes de nuestra era, los humanos comenzaron a decorar sus instrumentos y a pintar dibujos en paredes de grutas de difícil acceso. Lo interesante para Usbek era que se encontraba de nuevo con una invención en paralelo. La pintura surgió en lugares muy distantes. Cantabria, Borneo o Sudáfrica. Posiblemente esas pinturas tenían una función mágica o religiosa. El doctor Herbert Kühn, que visitó en 1926 el laberinto subterráneo de Trois Frères, en Ariège, describió la espantosa experiencia de arrastrarse por un túnel –de apenas treinta centímetros de altura en algunos tramos– que conduce al centro de ese grandioso santuario del Paleolítico. «Me sentí como si estuviera reptando dentro de un ataúd –recordaba–. Me palpitaba el corazón y no podía respirar.» Cuando por fin llegó a la vasta sala subterránea, sintió como «una redención». Estaba frente a una pared cubierta de grabados espectaculares: mamuts, bisontes, caballos salvajes… Dominando la escena había una gran figura pintada, medio hombre, medio bestia, que fijaba sus ojos enormes y penetrantes en los visitantes. ¿Era el señor de los animales? ¿O aquella criatura híbrida simbolizaba la unidad subyacente de lo animal y lo humano, lo natural y lo divino? Posiblemente ese trayecto subterráneo formaba parte de un ritual de iniciación. La emoción producida por este viaje cambiaría al muchacho.

Usbek se encontraba de nuevo en el límite de su investigación. ¿Qué ha hecho a los humanos empeñarse en pintar o en desarrollar otras habilidades artísticas? Las primeras flautas se fabricaron hace 40.000 años. ¿Qué impulsó a aquellos seres tan primitivos, que vivían en pequeños grupos nómadas, forrajeros y cazadores, a producir música? Estaba otra vez a las puertas de la zona big bang, la de la gran explosión.

 Se hizo una pregunta que él mismo consideró absurda: «¿Fue el sapiens quien inventó el arte, o el arte el que creó al sapiens, el que lo separó de sus parientes animales?».

Tuit 6. **El cielo es una cacería y la Vía Láctea una escena doméstica**

La siguiente investigación genealógica la comienza Usbek en un observatorio astronómico. Gigantescos telescopios permiten observar el firmamento, pero, por supuesto, no es un simple mirar lo que hace el astrónomo. Le guía un propósito, un proyecto, palabras estas que tendrán una importancia decisiva para comprender a los sapiens. Quiere conocer. Saber la composición, la procedencia, las trayectorias de los cuerpos celestes, sus leyes. Le mueve un impulso poderoso: la curiosidad. Es un científico. El sol, las estrellas, los planetas son objetos cantados por los poetas, pero la ciencia es otra cosa. Usbek descubre que la ciencia es una gran creación mental, un modo de intentar conocer la realidad a través de herramientas inventadas: conceptos, leyes, teorías, mediciones… Le llama especialmente la atención el deseo de medir, que necesitó un pensamiento muy abstracto para crear una «unidad de medida». Una parte importante de los conocimientos científicos se consigue aplicando un lenguaje artificial: las matemáticas, creadas por ese poder mágico que los humanos llaman «inteligencia», que parecen adecuarse maravillosamente a la realidad. Incluso se ha llegado a decir que la naturaleza está escrita en términos matemáticos. ¿Cómo es posible?

Siguiendo su método, Usbek remonta el curso de la historia. El afán de conocer los fenómenos astronómicos surgió hace miles de años, posiblemente cuando los sapiens se asentaron y comenzaron a cultivar la tierra. Algunos monumentos megalíticos, como el de Stonehenge (2000 a. C.), parecen estar relacionados con observaciones astronómicas. ¿Qué movió a los antiguos sacerdotes a observar el cielo con tanta minuciosidad?

La historia empezó todavía antes. Los primates son curiosos. Wolfgang Köhler descubrió que son capaces de resolver problemas, pero de una manera muy limitada. Los hombres primitivos tenían una peculiar necesidad de comprender lo que veían, para lo que tenían que explicarlo, es decir, incluirlo en alguna narración lógica, emocional o poética. Explicar es desplegar algo para comprenderlo. Explicar y comprender son acciones complementarias y recíprocas. Un vestigio de esa necesidad instintiva podemos verlo en el afán de todos los niños del mundo por hacer preguntas a determinada edad. No les basta con ver, necesitan comprender lo que ven. La primera forma de hacerlo fue introduciendo los fenómenos naturales en historias parecidas a las que vivían cotidianamente. La capacidad y el interés por contar historias debieron de aparecer tempranamente, y nunca los hemos perdido. Comprender algo es poder integrarlo en una historia. El hombre primitivo no contempla el suceder celeste como una regularidad, no está seguro del retorno cotidiano de la luz celeste. El sol puede ser inconstante, como los humanos, y hay que alimentarlo, en ocasiones mediante sacrificios sangrientos. Para los griegos antiguos, las estrellas de la Vía Láctea son gotas de leche que se le escaparon a Juno mientras amamantaba a su hijo. Para los aztecas, el planeta Venus era la transformación de Quetzalcóatl, rey de Tula. En la mitología griega, Hera convierte a Calisto en una osa. Sin reconocerla, su hijo Arcas quiere cazarla. Zeus lo evita transformando a Calisto en la constelación de la Osa Mayor y a Arcas, en la Osa Menor. Los iroqueses del noreste de Estados Unidos también convierten a un oso y a sus cazadores en la constelación de la Osa Mayor. Entre los chukchi, un pueblo de Siberia, la constelación de Orión es un cazador que persigue a un reno, Casiopea. Entre las tribus ugrofinesas de Siberia, el animal que persigue es un alce y toma la forma de la Osa Mayor. Aunque los animales y las constelaciones pueden ser diferentes, la estructura básica de la historia no cambia. Todas estas sagas pertenecen a una familia de mitos conocidos como «la caza cósmica» que se extendió a lo largo y ancho de África, Europa, Asia y América entre las personas que vivieron hace más de 15.000 años. Cada versión de la caza cósmica comparte una historia central: un hombre o un animal persigue o mata a uno o más animales, y las criaturas se transforman en constelaciones. Es otra creación en paralelo, que nos introduce en una mágica selva de historias. He de decir que los psicólogos actuales piensan que nuestro cerebro tiene una estructura narrativa.

La memoria de Usbek le recuerda que los pacientes del doctor Jean-Martin Charcot, que en estado de hipnosis obedecían una orden absurda –por ejemplo, abrir un paraguas dentro de una habitación–, al despertar intentaban automáticamente dar una explicación a la absurda situación en que se encontraban. Por ejemplo, decían estar comprobando si las varillas estaban bien.

Usbek reconoce la existencia de explicaciones mitológicas en todas las culturas. Los sapiens más antiguos desarrollaron historias fantásticas para intentar hacer comprensible lo que les rodeaba. Todo tenía para ellos un significado simbólico. Gran parte de la historia de la humanidad había consistido en ir sustituyendo esas historias imaginarias por teorías científicas. El paso del mito a la ciencia, de la imaginación a la razón, supuso un duro trabajo de domesticación de la propia inteligencia. Pero el afán de comprender y de buscar explicaciones para conseguirlo es el impulso original.

De nuevo Usbek entraba en la zona big bang, una zona de la que aún no sabía nada.

Tuit 7. Usted también es dueño de una moneda partida

«¿Qué hace tanta gente entrando en una iglesia?», se preguntó Usbek iniciando otra búsqueda genealógica. Una visión global de la sociedad humana le había mostrado que las grandes diferencias culturales eran fundamentalmente de carácter religioso. Había las civilizaciones confuciana, budista, cristiana, musulmana…

Cada una de ellas remitía a un fundador, que en realidad resumía y transformaba tradiciones más antiguas, dándoles un poder de convicción asombroso. La religión parecía haber tenido una importancia decisiva en la historia de la humanidad. Las personas que iban a la iglesia mostraban comportamientos muy parecidos. Se dirigían a un Ser superior, al que no veían pero en el que confiaban; le dedicaban súplicas o cánticos de alabanza, seguían rituales para contentarle, obedecían sus normas, se sentían consoladas al hacerlo, o aplacaban su miedo mediante esas acciones.

Remontando el río de la historia, Usbek descubrió con cierta sorpresa que la religión había sido una constante de la humanidad. No se conoce ninguna sociedad humana sin algún tipo de religión. De nuevo surgían paralelismos continuos. Cada cultura había inventado sus dioses, sus rituales, sus creencias y sus instituciones eclesiales. A pesar de las diferencias, todas las religiones parecen tener algo en común: la separación de dos mundos, el visible y el invisible, y la convicción de que el mundo invisible es el más poderoso. Y algo extraordinario: aunque sus súplicas no sean atendidas, siguen creyendo en él.

De nuevo sentía el afán de averiguar qué impulsa a los sapiens. Comprobó que habían inventado docenas de historias para explicar algo que no parecía requerir explicación: la existencia de la naturaleza. «¿Qué extravagante impulso les llevaba a plantearse esa cuestión?», se preguntaba Usbek.

En su cuaderno de campo, Usbek fue anotando algunas de esas historias antiguas. Las transcribo por su belleza, aunque eludo el relato bíblico porque, sin duda, es el más conocido para el lector.

Así explicaron el origen del mundo en la antigua Mesopotamia:

Cuando en lo alto, el cielo no había sido nombrado,
y abajo la tierra firme no había sido llamada con un nombre,
nada había más que el Dios de las aguas primordiales,
su Progenitor,
y la madre de las aguas que parió a todos ellos,
mezcladas sus aguas como un solo cuerpo.
No había sido trenzada ninguna choza de cañas,
no había aparecido marisma alguna.
Cuando ningún dios había recibido la existencia,
no habían sido llamados con un nombre,
indeterminados Sus destinos,
sucedió que los dioses fueron formados en su seno.

Enûmah Elish, poema compuesto a comienzos del segundo milenio a.C.

Así lo explicaron los antiguos indios en el *Rigveda*:

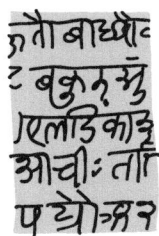

Entonces no había nada, ni la existencia.
No había aire ni los cielos por encima.
¿Qué lo cubría? ¿Dónde estaba? ¿Quién lo guardaba?
¿Había acaso agua cósmica, informe en lo profundo?
Entonces no había muerte ni inmortalidad,
ni había entonces una antorcha ni de día ni de noche.
Alentaba el Uno sin aire, de sí mismo sustentado.
Este Uno existía entonces y ningún otro.
Al principio, solo había tinieblas envueltas en tinieblas.
Todo era tan solo agua sin luz.

Así lo explicaron los antiguos egipcios:

El señor de todas las cosas, una vez que empezó a existir dice: «Yo soy el que empezó a existir como el que llega a ser, cuando empecé a existir, los seres empezaron a existir. Todos los seres empezaron a existir. Numerosos son los que llegaron a existir, que proceden de mi boca, antes de que el cielo existiera, cuando no había tierra ni gusanos ni serpientes en este lugar. Pero yo, sintiéndome hastiado, estaba unido a ellos en el abismo acuoso».

La relación es más larga, pero termino con dos mitos muy alejados, exóticos, uno polinesio y otro africano:

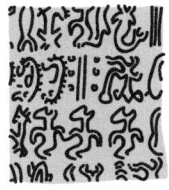

Ta'aroa fue el antepasado de todos los dioses; él hizo todas las cosas. Desde tiempo inmemorial existió el gran Ta'aroa, el Origen. Ta'aroa se desarrolló en soledad; él fue su propio progenitor, sin padre ni madre, Ta'aroa estaba sentado en su concha, en las tinieblas desde toda la eternidad. La concha era como un huevo que daba vueltas en el espacio infinito, sin cielo ni tierra ni luna ni sol ni estrellas. Todo era tinieblas, una espesa y continua oscuridad.

 Al principio, en la oscuridad no había más que agua. Y Bumba estaba solo. Un día estaba Bumba muy afligido. Sintió náuseas, hizo un esfuerzo y vomitó al sol. Después de esto se difundió la luz por todas partes. El calor del sol secó el agua hasta que empezaron a verse los confines oscuros del mundo.

Cuanto más retrocedía en el tiempo, más difícil le resultaba a Usbek distinguir la religión del resto de las actividades humanas, porque todo parecía estar penetrado de significado religioso. Todo adquiría un significado simbólico. «Símbolo —anotó— era una moneda que se partía, para dar cada trozo a una persona y que se reconocieran cuando se encontraran.» Una contraseña. Se topaba una y otra vez con la insistencia humana en duplicar las cosas: objeto y palabra, realidad y representación, visible e invisible. Lo que los humanos llaman inteligencia conocía, pero también inventaba. O para ser más exactos, conoce mediante cosas que inventa: conceptos, teorías, métodos matemáticos, microscopios, telescopios, escáneres, instrumentos de medida, etc. Usbek tenía la impresión de haber entrado en un enmarañado bosque de historias, de símbolos, de invenciones, de metáforas. En una palabra, de mediaciones.

La última investigación genealógica la ha iniciado Usbek visitando un tribunal de justicia. Ha visto a unas personas juzgando el comportamiento de otras de acuerdo con un código, es decir, con un sistema de normas. Se ha encontrado al final de una corriente evolutiva caudalosa, que se había estabilizado en un sistema complejo de resolver conflictos. La detección de un crimen, la acción de la policía, la incoación de un procedimiento de defensa y de acusación estrictamente regulado mediante códigos aprobados por una autoridad.

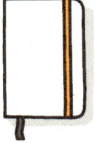

Toda esta organización consolidada durante siglos le hizo anotar en su cuaderno de campo: «Las INSTITUCIONES son herramientas sociales creadas para resolver conflictos que sin ellas sería imposible solventar. Por lo tanto, los sapiens han inventado tres tipos de herramientas: físicas, mentales y sociales».

Remontando la corriente genealógica, Usbek descubrió que una de las peculiaridades de los sapiens es que pueden someter su comportamiento a normas. En cierto sentido también lo hacen otros animales grupales, entre los cuales se da una jerarquía, unas reglas de acción. Pero en este caso son comportamientos automatizados que se han repetido durante cientos de miles de años. Se aplican por la fuerza. El macho alfa impone su ley.

 En este punto la memoria de Usbek le recuerda la relación de la norma con la religión. Lo hace con uno de sus procedimientos preferidos: activa una red que Usbek puede recorrer analizándola, o sintetizar de un golpe de vista. La rapidez con que lo hace me resulta admirable. En efecto, los primeros códigos exigían obediencia porque habían sido promulgados por un dios. Así empiezan los más antiguos códigos (1800 a. C.):

—En ese tiempo, el dios An y el dios Enlil designaron para que ejerciese la soberanía del país a Lipit-Istar, el pastor que escucha, con el fin de establecer la justicia en el país.
—An y el divino Enlil también a mí, Hammurabi, el príncipe devoto y respetuoso de los dioses, a fin de que yo mostrase la equidad al país, a fin de que yo destruyese al malvado y al inicuo; a fin de que el prepotente no oprimiese al débil.

Usbek reconoce la extrañeza de esta última frase. En la naturaleza el fuerte oprime al débil. Los sapiens, al pensar que eso no debía ser así, parecen querer salirse del mundo de la naturaleza. Una vez más. Quieren resolver los conflictos de otra manera, y desde muy pronto aparece en todas las culturas una palabra para indicar la buena resolución de los enfrentamientos: «justicia». De nuevo, Usbek —en ese juego de síntesis y/o análisis que le permite pasar de la anécdota a la categoría— revisa la red de la justicia. Una idea que se explica apelando a grandes sistemas metafóricos: equilibrio, igualdad, reciprocidad, orden, rectitud. Los papúas kapauku llaman a la justicia *uta-uta*, medio-medio, equilibrio. La balanza es símbolo de la justicia en Occidente, pero también lo es para los ukomis de Gabón. En latín, las palabras «compensación» o «recompensa» derivan del acto de pesar. Los lozis de Zambia llaman a la justicia *tukelo*, que significa «igualdad», lo mismo que la palabra griega *diké*. La reciprocidad es una norma general en casi todas las culturas. Otro sistema metafórico universal identifica la justicia con el orden, como lo opuesto al caos. Y, por último, abundan las referencias a la rectitud. Los wolof de Senegal la representan como un camino recto y bien trazado. «Regla» y «reglamento» son palabras que indican una línea recta y el modo «co-rrecto» de hacer las cosas. En Occidente también se utiliza la metáfora: derecho, *dirigere, diritto, right, Recht*.

En el fondo de estas historias, Usbek descubre un miedo ancestral de los sapiens —el temor al caos, al desorden, a la oscuridad— y el deseo de descubrir o inventar algún tipo de orden, mediante rituales, normas, costumbres, mitos. La Diké, la justicia, es la gran protectora.

Tuit 9. Usted es un animal, pero espiritual

Cada uno de los caminos genealógicos recorridos ha llevado a Usbek a una zona misteriosa, en la que los sapiens parecen romper la línea continua de la evolución. Se trata de un punto de ruptura, lo que ha llamado «zona big bang».

Los sapiens, al igual que todos los animales, viven en su mundo. Lo sorprendente es que ese mundo se ha ido separando de la realidad. Sobre ella han creado construcciones fantásticas. Por ejemplo, sobre la realidad biológica del sexo han edificado el mundo de la sexualidad, del erotismo, de los sentimientos amorosos, del fetichismo, de los celos. El amor cortés de la época medieval tiene poco que ver con el simple instinto sexual, aunque esté construido sobre él. Es, en parte, un mundo imaginado, transformado, ampliado. El sapiens no solo tiene que interpretar lo que ve, sino que acto seguido busca relaciones a partir de lo interpretado. Siente y luego intenta explicar por qué siente lo que siente. El sol parece moverse en el cielo y muchos pueblos interpretaron ese majestuoso paseo como el de un dios.

A partir de ahí tenían que asociar su comportamiento al comportamiento que un rey merece. Servirle, demostrarle sumisión, hacerle ofrendas. Usbek pensó que la asociación era uno de los mecanismos de la inteligencia humana, que funcionaba automáticamente. Su memoria le recordó la historia de los perros de un científico llamado Iván Pávlov. Si en el momento de darle la comida hacía sonar una campana, el perro acababa relacionando la campana con el alimento y salivaba solo al escucharla. También le recordó que esa cadena podía ampliarse. Los adiestradores de delfines saben que tienen que relacionar el premio con el sonido de un silbato. Así, cuando el animal hace el movimiento debido ese sonido le sirve como premio, que será en realidad el pescado que recibe después. Todas esas relaciones forman parte de un movimiento expansivo, creador, que constituye la cultura, el nicho ecológico de la especie humana. Usbek se da cuenta de la excepcionalidad de los sapiens, de su anclaje en la biología y su despegue hacia creaciones irreales, ideales, simbólicas. Y decide definir a esa extraña especie como animales espirituales. Son aquellos animales capaces de vivir simultáneamente en lo real y en lo irreal, en lo material y en lo ideal.

El siguiente paso de su investigación consistía en averiguar cómo aparecieron.

Mapa 1

1 Genealogía del Presente

Aunque todos los seres comparten la misma **realidad**, cada uno vive en su propio NICHO

NATURALEZA vs CULTURA

Entre sus órganos hay uno donde reside la INTELIGENCIA, una propiedad «Mágica» que produce pensamientos

cerebro
respirar
digerir

ÓRGANOS

El MUNDO en el que viven los SAPIENS no es la NATURALEZA, sino lo que llaman CULTURA

BUCLE PRODIGIOSO

La inteligencia produce Cultura y esta a su vez recrea la INTELIGENCIA

Para comprender a los Humanos he de conocer el mecanismo de su inteligencia. Emplearé el MÉTODO GENEALÓGICO

 INGENIERÍA

INVERSA

Remontarnos al origen de las cosas

Son lugares donde se guarda la MEMORIA de los Sapiens: información ESCRITA

3200 a.C.

Hoy

BIBLIOTECAS

Pero la ESCRITURA proviene de la Invención del lenguaje, hace 200.000 años

ZONA BIG BANG

Invención en Paralelo

La ESCRITURA se inventó con fines contables y luego se produjo una UTILIDAD AUMENTADA

2

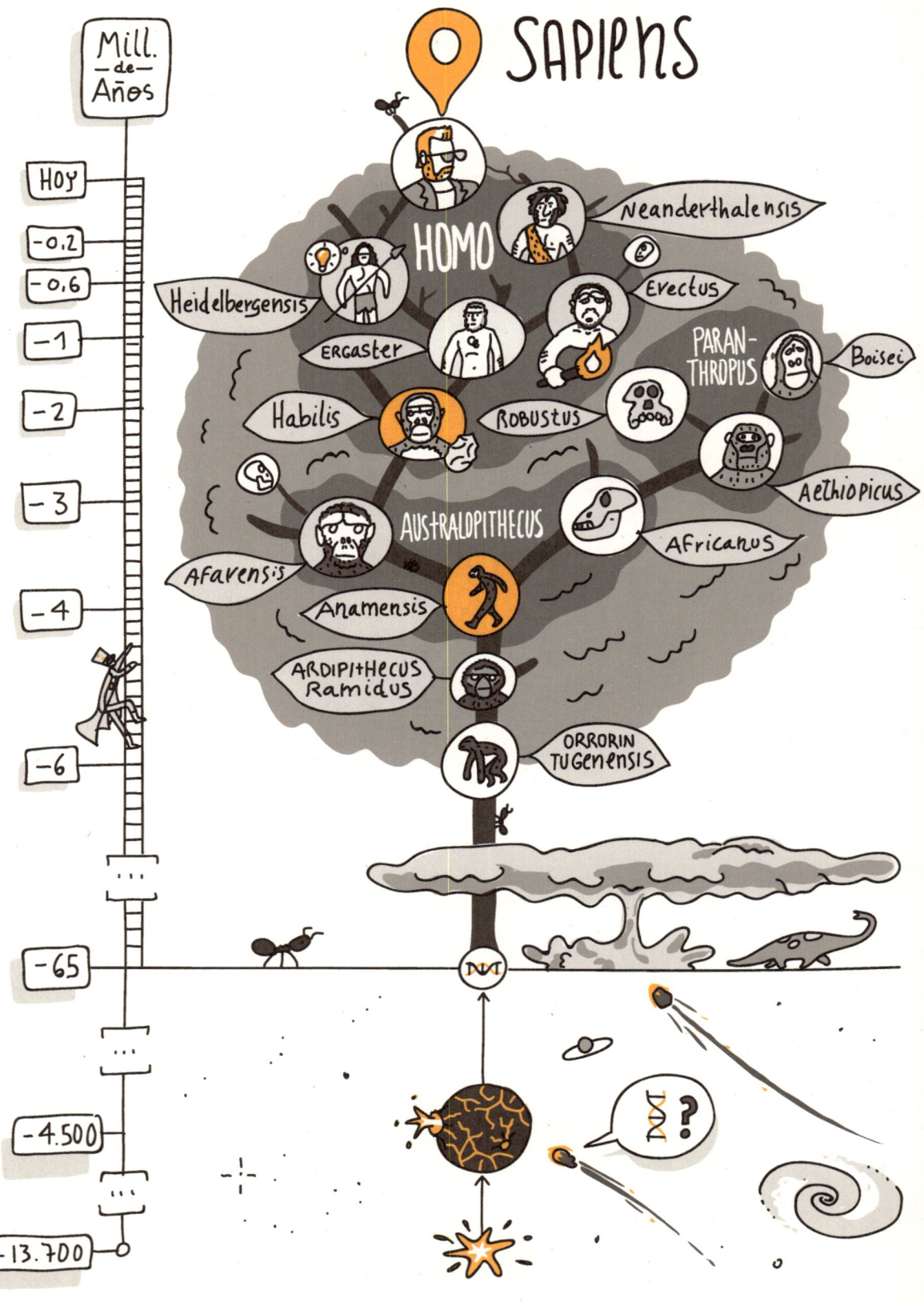

La aparición de los animales espirituales

Tuit 10. Fueron necesarios tres millones de años para que usted pudiera mandar un tuit. No desaproveche ese esfuerzo

La historia de los sapiens tuvo un comienzo poco espectacular. Hace seis millones de años apareció en África la rama de los primates que daría origen al ser humano. Aparentemente fue un acontecimiento evolutivo rutinario. Una población de monos antropomorfos quedó aislada, en lo que se refiere a reproducción, de los demás miembros de su especie. Este nuevo grupo evolucionó y se dividió, originando otros grupos, proceso que finalmente culminó en el surgimiento de varias especies diferentes de homínidos bípedos del género Australopithecus. Con el tiempo, una de esas especies cambió tanto que ya no podía ser considerada una nueva especie de Australopithecus, por lo que ha sido necesario encasillarla en un género distinto, Homo, al que pertenecen los humanos actuales. Género y especie son conceptos inventados por los lógicos y los biólogos para clasificar la riqueza de los seres vivos. Es un sistema de cajitas, podríamos decir: en el cajón «clase» hay varios «órdenes»; en cada orden, muchas «familias»; en cada familia, muchos «géneros», y en cada género, muchas «especies». Al hablar del sapiens estamos introduciéndonos en una de estas últimas cajitas.

No hubo una aparición fulgurante de la humanidad. Su despegue fue largo, titubeante y acumulativo. Usbek ha descubierto que no solo debía estudiar la genealogía del entorno creado por los humanos para poder comprenderlos, sino que también debía estudiar su biología, para comprobar los factores que habían intervenido en su cambio. Al compararlo con sus antepasados animales, descubrió varias cosas interesantes: los bebés humanos nacían con una cabeza demasiado grande, que hacía sufrir a la madre en el parto, las hembras humanas eran sexualmente receptivas aunque no estuvieran en período fértil, los humanos tienen los dientes y el estómago más pequeños, y el colon más corto que los primates evolutivamente más cercanos. Algunos de esos elementos están relacionados. Al expandirse el cerebro fue aumentando el tamaño del cráneo, para desolación de las madres, cuyo canal pélvico no había aumentado de modo paralelo. Pero el cerebro es un glotón consumidor de energía. Constituye el 2 % de la masa corporal, pero consume el 20 % de la energía. He comprobado que Usbek tiene razón. Leslie Aiello y Peter Wheeler han mostrado que para satisfacer sus exigencias nutricionales deben reducirse las exigencias de otras partes del cuerpo al estricto mantenimiento de un índice metabólico básico estable, y sugieren que esa economía debe hacerse en los intestinos.

 A medida que el cerebro aumenta de tamaño, los intestinos deben hacerse más pequeños y la única forma de lograrlo es incrementando la calidad de los alimentos (L. Aiello y P. Wheeler, «The expensive tissue hypothesis», *Current Anthropology*, 36, 1995, pp. 199-221). Curiosas historias evolutivas que su memoria le proporciona.

Los bebés humanos necesitan un prolongado cuidado, lo que ha provocado comportamientos exclusivos de los sapiens. No solo la madre alimenta al niño, sino también otras personas. Las abuelas, por ejemplo. Algunos investigadores suponen que este papel de cuidadoras es una de las razones por las que la hembra humana, a diferencia de todos los demás primates, experimenta la menopausia.

 Al compartir el cuidado de los niños, nuestros antepasados estaban pasando de ser un grupo a ser una comunidad. Posiblemente, los hermanos mayores también colaboraban en el cuidado de los pequeños (Agustín Fuentes, *La chispa creativa*, Ariel, Barcelona, 2018, p. 126).

Remontando la línea del tiempo, Usbek pudo elaborar algunas hipótesis acerca de cómo evolucionaron los sapiens. Hace 2,5 millones de años, un homínido aprendió a golpear una piedra para dotarla de filo, como muestran los restos encontrados en el río Gona, en Etiopía. Aprendieron a dominar el fuego, hace ya 1,4 millones de años, y podemos imaginar hasta qué punto este hecho debió de cambiar su vida. El miedo a la oscuridad continúa presente en nuestros genes. El fuego proporciona luz, calor, protección. Casi todas las culturas de la Antigüedad lo adoraron, y los hinduistas actuales continúan venerando a Agni, el fuego. En los ritos católicos de la Pascua de Resurrección, se lo bendice. Su utilización práctica es muy antigua. Se han encontrado pruebas de que se utilizó para acorralar elefantes en los pantanos y allí matarlos. Permitió también cocinar, lo que fue importante sobre todo para hacer comestibles alimentos que de otra manera no se hubieran podido digerir. La acción combinada de las herramientas para cor-

tar y del fuego para cocinar transformó el genoma humano. Es un ejemplo claro de cómo un acontecimiento cultural cambia la biología.

No es de extrañar que en la mitología griega se atribuyera el origen de la cultura a Prometeo, que robó el fuego a los dioses. Los andamaneses, una tribu aislada en una isla del Índico, parecen recordar algo parecido. «El hombre-paloma robó una brasa en Kuro-t'on-mika, mientras Dios estaba durmiendo. Dio la brasa al antiguo Lech, quien entonces hizo fuegos en Karat-tatak-emi.» Los mitos pueden ser un esfuerzo para mantener recuerdos ancestrales. Hay muchas culturas, de Nueva Zelanda a Grecia, que en sus mitos de origen describen la aparición de la luz, asociada a la separación de los cielos y la tierra. Estudios geológicos han mostrado que hace unos 70.000 años se produjo una gigantesca explosión volcánica en Toba (Sumatra), que sumió en la oscuridad o en la penumbra grandes zonas del planeta.

Las nuevas técnicas debieron de difundirse con rapidez, porque otra característica de los humanos es su capacidad de imitar. Imitar e asociar son mecanismos elementales pero poderosos. El segundo lo compartimos con los animales, pero el primero parece ser una exclusiva humana. Los chimpancés pueden imitar los gestos, pero sin comprender el significado; es decir, pueden copiar los gestos de lavar un plato, pero sin entender que su finalidad es limpiarlo. Lo mismo les sucede a los loros con el lenguaje.

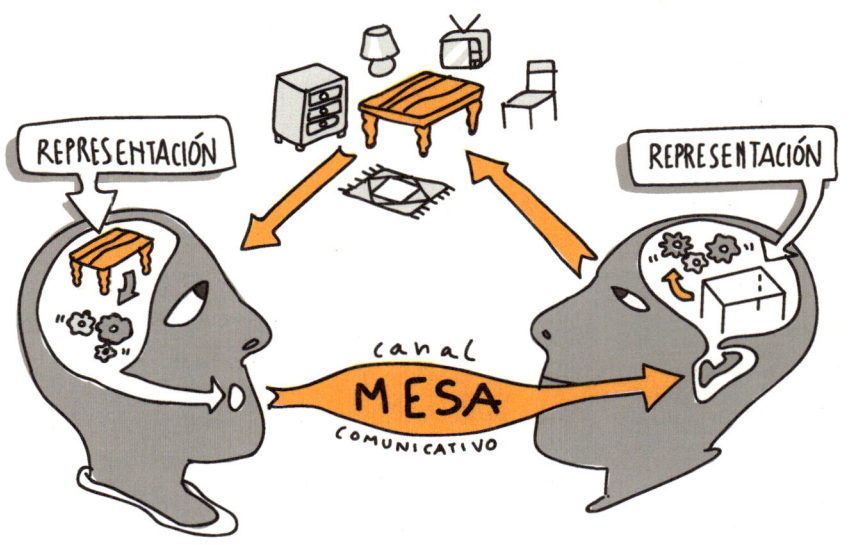

Tuit 11. Usted es protagonista de una representación que no es teatral

Usbek sabe que los propios sapiens creen que lo que les diferencia de los animales es el pensamiento simbólico, la capacidad de imaginar cosas que no han sucedido, o de hacer proyectos, o de comunicarse, o de razonar. Tallar una piedra, conservar el fuego o saber encenderlo son operaciones que exigen anticipación y planificación. Antes de manejar las piedras, se piensa en ellas y en cómo hacerlas útiles. Fue sin duda un alarde que nuestros antepasados añadieran un mango a esas hachas primitivas para hacerlas más eficaces. Esto, por supuesto, necesita un pensamiento previo, que dirija la acción. El sapiens, antes de ponerse a dar golpes a la piedra, trabaja sobre la representación de la piedra que tiene en su cabeza, y descubre en ella una posibilidad: la de convertirla en instrumento para cortar. Después, con esa idea en mente, se pone a tallar.

Usbek se ha sentido tan eufórico que ha llenado una página de su cuaderno de campo con la palabra POSIBILIDAD. La magia de la inteligencia del sapiens es que no solo ve las cosas, sino que descubre posibilidades en ellas. En la piedra descubre la posibilidad de cortar y despiezar. Y más tarde averigua formas que esculpir, construcciones que hacer, dioses a los que adorar, proyectiles que lanzar. El mar es un límite, hasta que se le transforma en posibilidad para viajar. El peso de las piedras, que las hace caer, permite al arco mantenerse en pie. También las leyes que obligan proporcionan libertad al protegernos. Por todas partes encuentra Usbek una fuente de significados, inventos y utilidades, conseguidos al manipular las cosas y las representaciones de estas. El cerebro humano le recuerda los fuegos artificiales. Al encenderse, un cartucho de aspecto anodino se convierte en palmeras luminosas que dan origen a otras palmeras luminosas que brillan en la oscuridad. La inteligencia también puede descubrir en el objeto más anodino los fuegos de artificio de la posibilidad. Es la gran pirotécnica. Creo que Usbek está sintiendo una emoción muy humana: la euforia de la creatividad, que no es más que una borrachera de posibilidades.

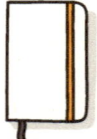 La realidad material impone sus pesadas leyes, pero la realidad representada permite al sapiens jugar con ella.

Usbek va tan deprisa que me veo obligado a aclarar esta idea suya, para evitar confusiones. ¿A qué llama «representación»? Al modo como la inteligencia capta, guarda y opera con lo que sus sentidos perciben. La información entra en su cerebro transformada en una «señal nerviosa» (una corriente eléctrica de minivoltaje) y se guarda en él por procedimientos fisicoquímicos que desconocemos. Esa representación de algo en la mente puede pensarse como imagen (veo una mesa y puedo mantener esa imagen en la memoria), como una idea (tengo el concepto «mesa» y puedo operar con él), o como una palabra capaz de remitir a una imagen o a un concepto. La mesa está fuera, pero una representación de la mesa está dentro del cerebro. Cuando imagino cómo será esa mesa vista desde el otro lado, cosa que los niños empiezan a saber hacer a los cuatro o cinco años, no es la mesa la que están moviendo, ni el niño, sino la imagen de la mesa que tengo en la memoria.

 La memoria de Usbek le proporciona una referencia poética:

Bien sé yo que esta imagen
fija siempre en la mente
no eres tú, sino sombra
del amor que en mí existe.
Cernuda

Un gran jugador de ajedrez, al estudiar una posible jugada, tiene que anticipar lo que el contrario podría hacer después y lo que en respuesta podría jugar él mismo, y así sucesivamente. La amplitud de este juego de anticipaciones determina la calidad del jugador. Los sapiens no solo tienen representaciones, mediante las cuales pueden pensar, sino que pueden hacerlo sobre esas mismas representaciones. Es lo que llamamos «reflexión».

Aunque suene raro, vivimos entre las cosas sirviéndonos de las representaciones que poseemos de ellas. Por ejemplo, todos tenemos en la cabeza un mapa del barrio en que vi-

vimos, y cuando vamos de un lugar a otro lo hacemos ayudándonos de ese mapa, que ahora puede estar contenido en un GPS. Usbek sabe que su memoria está asimismo organizada en mapas, árboles o redes de datos y conocimientos. Y también en redes poéticas, metafóricas, amplificadoras, que interesan a Usbek con una intensidad que me hace suponer algún problema íntimo que roza la desesperación.

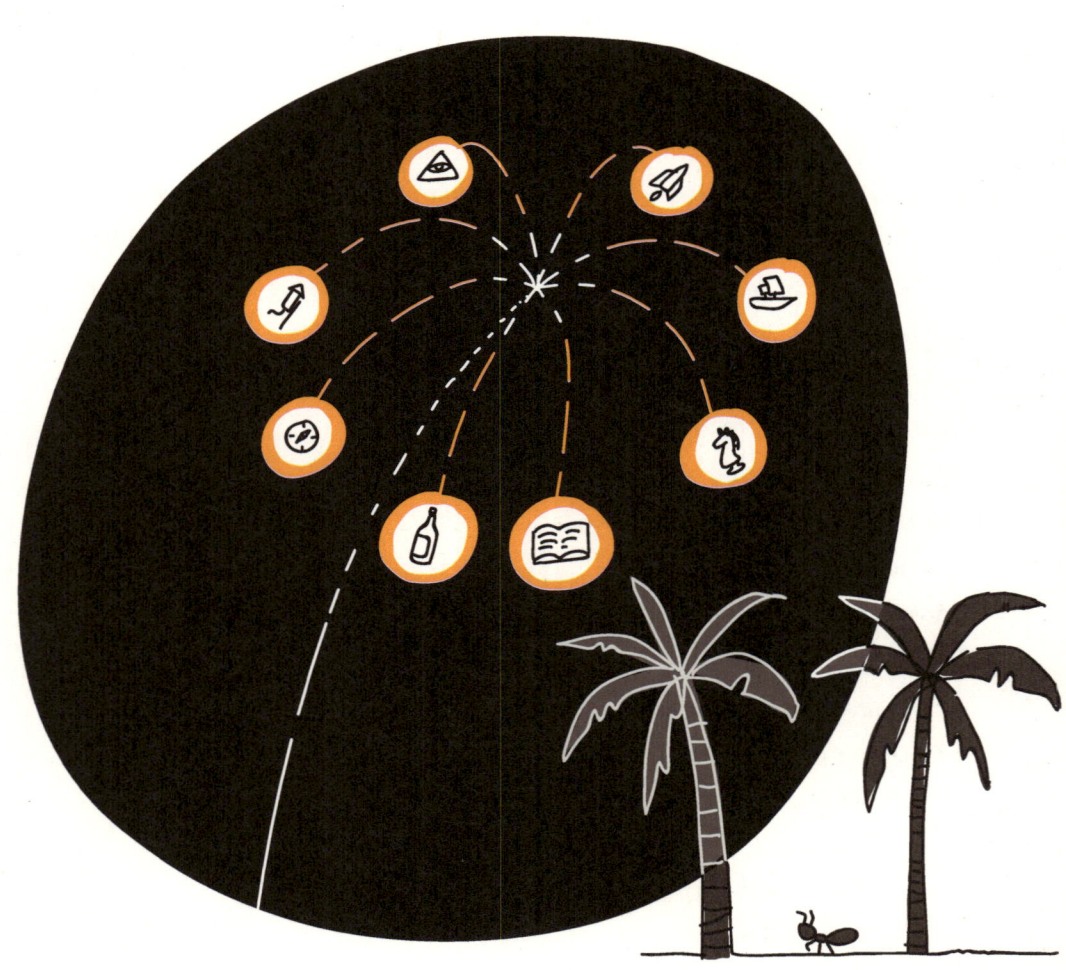

Tuit 12. **El sapiens es un animal de lejanías**

Usbek ha comprendido la importancia que tiene un segundo paso dado a partir de esa representación mental (imagen, concepto, idea). También en su cabeza, el sapiens puede unirla con una palabra. Imagina que un sapiens acompaña a otro sapiens a visitar un jardín y ante unas flores pequeñas de colores muy vivos, le pregunta: «¿Qué flor es esa?». «Son verbenas», le responde el sapiens. A partir de ese momento, la palabra se ha unido a la imagen, y le va a servir para recuperarla en la memoria o para pensar en ella y comunicarse con los demás. Puede ir a comprar semillas de verbena o leer cómo se cultivan. Además, puede saber que la verbena que ha visto es la especie «verbena X híbrida», que forma parte del género «verbena», que a su vez está dentro del cajón de la familia «verbenáceas». Sin haber visto nada más que una flor en un jardín, puede situarla en las clasificaciones botánicas. Puede consultar la palabra en una enciclopedia, o introducirla en un buscador de internet.

Es asombroso que el cerebro de los sapiens haga operaciones tan complicadas de manera automática. Podríamos decir sin exagerar que vive en un triple mundo de cosas reales, de cosas representadas en la mente y de palabras. No es de extrañar que los sapiens más reflexivos, a los que llaman «filósofos», se encuentren muchas veces confusos ante esta expansión de niveles y les cueste trabajo distinguir uno de otro. Los teólogos cristianos afirmaban que había nueve órdenes angélicos: serafines, querubines, tronos, dominaciones, virtudes, potestades, principados, arcángeles y ángeles, y explicaban las razones de su creencia. ¿Eran palabras, representaciones imaginarias o representaciones de algo real? Lo cierto es que cuando inventamos una palabra proporcionamos a la inteligencia la posibilidad de pensar en algo irreal, sean las matemáticas o la angelología.

 Usbek ha escrito en el anexo de preguntas: «¿Por qué a los humanos les han interesado tanto los ángeles aun sabiendo que no existían?».

Las cosas del lenguaje son así de complejas. Tanto que el homo tardó dos millones de años en inventarlo. Parece que apareció hace 200.000, después de una lentísima maduración. Consumó el distanciamiento del sapiens respecto de la realidad, ese fenómeno que intriga a Usbek. Cuando leo una novela, estoy viviendo en un mundo irreal, mantenido solo por palabras. Le parece que el humano quiere vivir en la ficción. La memoria, que está siempre alerta, le proporciona otra referencia poética:

 *Rápido, dijo el pájaro, [...]*
Váyanse, váyanse, dijo el pájaro.
El corazón humano
soporta muy poca realidad.
T. S. ELIOT

El hecho es que la relación del sapiens con la realidad se fue haciendo cada vez más laxa. El animal responde al estímulo, está pegado a él, pero el humano se distancia. La inagotable memoria de Usbek le sopla: «El hombre es animal de lejanías» (Nietzsche).

Usbek está viviendo una experiencia abreviada de la evolución de la especie humana. Asistía a su separación de la animalidad y ha terminado en los mundos transfigurados de la poesía. Ha vuelto a repetirse una pregunta que ya se había hecho: «¿Qué es más exacto, decir que el sapiens inventa la poesía o que la poesía crea al sapiens?». El humano responde al estímulo, pero también a lo imaginado, o a lo pensado con palabras. Usbek ha anotado en su cuaderno de campo:

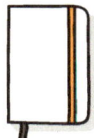

El pensamiento simbólico permite inventar signos sobre signos, lo que le permite una expansión infinita de los mundos construidos sobre la realidad. Los sapiens viven en una permanente hiperinflación de representaciones.

Tuit 13. Sobre una realidad única, los sapiens inventan infinitos mundos posibles

Existe el bosque real y el bosque simbólico. Podemos perdernos entre árboles o entre vocablos, como saben muy bien los manipuladores. Una palabra es una «representación lingüística» de una «representación mental», es decir, un signo de segundo nivel, un signo de una representación previa. El mundo duplica o triplica la realidad. Puedo percibirla, pero también imaginarla y, además, contarla. Pávlov, el neurólogo que descubrió que los perros podían relacionar la comida con el sonido de una campana, y empezar a salivar cuando la oían, se dio cuenta de que algo parecido sucedía con las palabras: podían desencadenar la misma reacción que la imagen. Lo llamó «segundo sistema de señales». Esto explica que las palabras emocionen a los sapiens. Las historias de miedo o las historias de amor o las historias de crueldades y venganzas no son más que una sarta de palabras, pero cuando el cerebro reconstruye a partir de ellas una escena, siente miedo o amor o deseo de revancha. Una amenaza asusta, un halago encanta, una ofensa irrita. El lenguaje ayuda poderosamente a la duplicación y expansión del mundo humano. Usbek comprende que los sapiens más antiguos consideraran que las palabras estaban dotadas de un poder mágico. La memoria le proporciona una serie de enlaces:

- Para muchos pueblos, la palabra es una parte de la cosa.
- Los esquimales obtenían un nuevo nombre cuando llegaban a la vejez.
- Los celtas consideraban el nombre como sinónimo del alma de una persona.
- Entre los yuinos de Nueva Gales del Sur, el padre revelaba su nombre a su hijo en el momento de la iniciación, y pocas personas más lo conocían.
- En el Génesis se dice que Adán puso nombre a todas las cosas, como demostración de su dominio.
- En el Apocalipsis, Dios entrega a los justos una piedrecita blanca con su nombre verdadero.
- Los dogon consideran que la palabra es parte del semen de la divinidad.

Casi siempre pensamos con palabras, pero una misma palabra puede significar varias cosas. «Verbena», además de una flor, es un festejo popular. La memoria de Usbek le proporciona incluso un poema de García Lorca:

Debajo de la hoja de la verbena
tengo a mi amante malo,
¡Jesús, qué pena!

Esta flexibilidad de las palabras, que puede dar origen a malentendidos, da también origen al humor, a los juegos, y a la ampliación de las posibilidades de relacionar, de asociar, de combinar las ideas o las imágenes, a pronunciar expresiones contradictorias, como «cuadrado redondo» o «hierro de madera». La maquinaria generadora tenía cada vez más herramientas para expandirse. Y todavía se amplió el repertorio con otros lenguajes, como el matemático o el musical o el digital. Aparecen así fenómenos curiosos. Cuando vemos volar a un avión podemos decir que lo hacen volar sus motores, pero también podemos decir que lo hace volar la ecuación de Bernoulli, que plantea que cuando el aire pasa más rápido por la parte superior del ala del avión que por la parte de abajo, el avión tiende a subir. Sin conocer esa ecuación no se habría podido construir la aeronave. Otro caso sorprendente. En el lenguaje natural, el infinito es algo que no tiene límites, que lo engloba todo. Solo puede haber un infinito. No ocurre así en matemáticas. El matemático Georg Cantor demostró que había varios tipos de infinito ¡y que unos podrían ser mayores que otros! Un ejemplo: la serie de los números impares es infinita. La serie de los números pares es infinita también. La serie de los números naturales (pares e impares) tiene que ser mayor. El mundo humano se parece a esas construcciones barrocas llenas de adornos, volutas, decoraciones recargadas que recubren la arquitectura útil con capas y capas de formas superpuestas.

En la comprensión de cualquier lenguaje, el oyente tiene que rehacer el camino a la inversa. A través de la palabra oída tiene que buscar en su memoria la representación correspondiente, que puede llevarlo hasta la realidad significada. Un sujeto ve en una tienda de muebles una mesa de color naranja que le gusta, y le dice al vendedor: «Quiero la mesa naranja». El vendedor comprende la expresión y con la idea «mesa naranja» en la cabeza la busca en el almacén.

Usbek viene de una civilización muy avanzada en tecnología informática y entiende muy bien lo que sucede en el cerebro humano. La «representación» de la mesa es un patrón nervioso que va desde la retina hasta el lóbulo occipital. A lo que está en representación de una cosa podemos llamarlo su «signo» o «símbolo». Los ordenadores manejan los signos con fantástica eficacia. Es lo que se llama «computación». Cuando el ordenador está buscando un lugar en el mapa está computando señales eléctricas. No sabe lo que está haciendo, pero lo hace. Usbek piensa que el cerebro de los sapiens lleva a cabo algo parecido, pero de mayor complejidad.

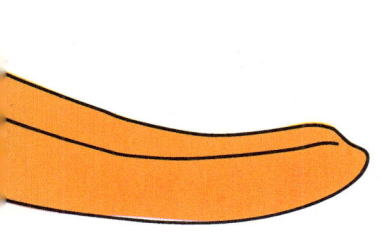

Tuit 14. Los pensadores humanos son diferentes de los pensadores animales

¿Tendrán razón los investigadores humanos al decir que esa posibilidad de manejar representaciones, de pensar, es lo que diferencia a los sapiens de sus antepasados animales? ¿Habrá encontrado ya el big bang de la especie? Para estar seguro, decide hacer una comprobación. Si pensar es una exclusiva humana, los animales no deben pensar. Y Usbek, que es un pensador muy crítico, y que conoce la vanidad de los sapiens, se plantea: «¿Cómo puedo saber si eso es verdad o es solo una presunción humana?».

Para contestar a esa pregunta, Usbek volvió a su trabajo de observador. El cerebro de los animales les permite realizar comportamientos muy complejos. Las abejas construyen panales geométricamente perfectos, exploran y se comunican sus descubrimientos. Las aves migratorias atraviesan miles de kilómetros sin extraviarse. Encuentran el nido que abandonaron la temporada anterior con más precisión que un GPS. Los chimpancés utilizan ramitas para cazar hormigas, o piedras para romper nueces. Los monos

Vervet tienen tres sonidos (¿palabras?) para advertir de distintos peligros. Los trabajos de Attila Andics en la Universidad Eötvös Loránd, de Budapest, muestran que los perros pueden comprender hasta mil palabras. Usbek recordó los experimentos que hizo sobre la inteligencia de los monos un investigador alemán, Wolfgang Köhler, en Canarias. Les ponía la comida fuera de su alcance, pero con la posibilidad de conseguirla si utilizaban medios complejos puestos a su disposición –por ejemplo, cajones que podían apilar, o cañas que podían ensamblar–. Después de un tiempo de observación, los animales a veces parecían tener una «iluminación» y resolvían el problema. Amontonaban los cajones o unían las cañas. Su cerebro había comprendido la relación de esos medios con la comida.

«Parece que los animales hacen algo parecido a pensar», se dijo Usbek. Observó a un águila cazando. Desde una roca descubre un conejo en la lejanía, emprende el vuelo, persigue al conejo y en el momento oportuno, con la velocidad adecuada, se lanza sobre él y lo atrapa. Es un comportamiento instintivo, suelen decir los humanos, y se quedan satisfechos. Usbek fue más allá y pensó: «¿Cómo tendría que programar un robot volador para que hiciera algo parecido?». Hizo un dibujo con las especificaciones:

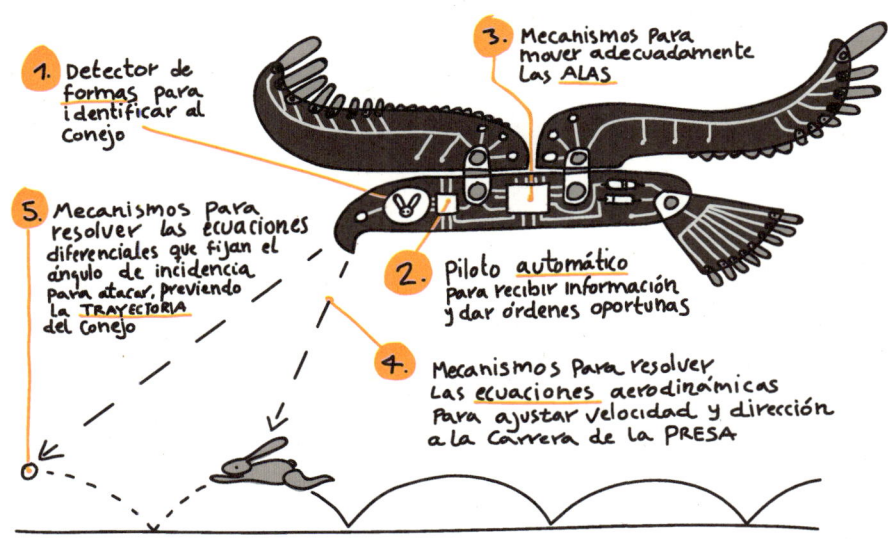

1. Detector de formas para identificar al conejo

3. Mecanismos para mover adecuadamente las ALAS

5. Mecanismos para resolver las ecuaciones diferenciales que fijan el ángulo de incidencia para atacar, previendo la TRAYECTORIA del conejo

2. Piloto automático para recibir información y dar órdenes oportunas

4. Mecanismos para resolver las ecuaciones aerodinámicas para ajustar velocidad y dirección a la carrera de la PRESA

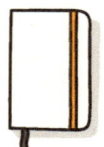

«Si pensar es producir secuencias de información para conseguir un objetivo, ENTONCES el cerebro del águila piensa», ha escrito Usbek.

Así pues, a su manera, el águila también tiene pensamiento simbólico, por
lo que Usbek concluye que no es el big bang que busca. Tiene que haber
alguna diferencia más profunda que separe la inteligencia humana de la
inteligencia animal. Su labor detectivesca debía continuar. A los exploradores que buscaban las fuentes del Nilo les pasó lo mismo. Cuando creían que
lo habían conseguido, tuvieron que seguir caminando aguas arriba. Se le
ocurrió una definición provisional:

«Los animales espirituales –los sapiens– son animales que hablan. Al hacerlo
se liberan de la situación real, se liberan incluso de las imágenes, y pueden
manejar ideas muy abstractas, transmitir conocimientos, inventar otros
mundos, mentir, dar órdenes, seducir, movilizar las pasiones. Se desconec-
tan de la tiranía del estímulo.»

Pero Usbek no sabía que se había internado en un laberinto y que tendría que esforzarse mucho para salir de él. Su aventura exploradora no había hecho más que empezar.

Voy a reproducir un texto de Francisco Umbral que expresa muy bien el fenómeno que ha sorprendido con razón a Usbek: que los sapiens hayamos interpuesto tantos intermediarios entre nosotros y la realidad:

«Paseaba yo al atardecer por la orilla del agua, frente a esas puestas de sol marinas que la literatura y el arte han estropeado para siempre, porque todo el mundo ha conocido estos espectáculos naturales a través de un cuadro o de un poema, antes que en la naturaleza, y así, el poniente nos remite siempre a un poniente literario. El mar y el atardecer son ya una cosa libresca y da una especie de vergüenza interior amarlos. La cultura, segunda naturaleza, pasa así a ser la primera. Se han escrito libros y poemas para evocarnos el mar, y ahora, a la vista del mar, lo único que evocamos es un libro.»

Tuit 15. Somos insaciables máquinas deseantes

La memoria de Usbek ha detectado un hecho extraño: durante siglos los sapiens pensaron que la función principal de la inteligencia era «conocer» y que la culminación de la inteligencia era la razón y su máxima creación, la ciencia. El mundo de las emociones, los deseos, los sentimientos y las pasiones se mantenía fuera de la inteligencia. En griego, las experiencias afectivas se denominaban *pathos*, que en castellano forma la palabra «patología», que etimológicamente significa «ciencia de las emociones», pero que en realidad significa «ciencia de las enfermedades». Así se consideraba el mundo pasional. Pero durante su anterior visita, el estudio de los sentimientos convenció a Usbek de que los sapiens estaban equivocados. La función de la inteligencia es dirigir el comportamiento y eso no se puede hacer sin tener en cuenta en primer lugar los deseos y las emociones, que son el motor de la acción. Creía que su civilización no había comprendido esta idea y había vuelto a insistir en que la función principal de la inteligencia es cognoscitiva.

Lo que estaba aprendiendo sobre los humanos le presentaba un paisaje más rico, aunque más inquietante. La razón está al servicio de las necesidades y los deseos, pero al mismo tiempo los hace implosionar. Introduce una carga expansiva que va a volver al sapiens insaciable. La cultura es una forma de ir satisfaciendo las proliferantes expectativas humanas y al mismo tiempo de exacerbarlas. Sin la explosión simbólica de los deseos, no tendría explicación la compleja evolución de las culturas, la extravagante superproducción de creaciones. Se han inventariado 7.000 lenguas en el mundo y 12.000 sistemas jurídicos. Dos milenios antes de nuestra era, los eruditos babilónicos redactaron listas de dioses. Contaron dos mil. El sintoísmo japonés admite 800.000 seres divinos, y la cultura hindú venera a 330 millones de dioses. Los arsenales nucleares almacenan 17.000 bombas atómicas, suficientes para destruir diez veces la vida en el planeta. Los primeros sapiens consumían diariamente unas 3.000 calorías; un estadounidense actual consume 300.000 (por todos los conceptos, no solo alimentación, claro).

Tuit 16. La historia de la inteligencia es una historia de la búsqueda de la felicidad

A Usbek le extrañó que los sapiens psicólogos hubieran dedicado mucha atención a la evolución del pensamiento, y muy poca a la evolución de las experiencias afectivas, que son el motor y el órgano de dirección de la conducta humana. Todo lo que se hace intencionadamente se realiza para satisfacer una necesidad o para conseguir un premio. Ambas cosas se unifican en una experiencia: el deseo. Deseo comer porque tengo hambre (necesidad), deseo ir a un concierto porque espero disfrutar (anticipación del premio), compro una cerveza porque tengo sed (necesidad) y porque me gusta esa marca (premio). Incluso los hábitos acaban provocando deseos: tengo ganas de fumar porque tengo ese hábito. Pero con frecuencia los deseos de los sapiens son muy difíciles de comprender, sobre todo porque no se sabe por qué razón cosas no necesarias se consideraron un premio. Hace 40.000 años se fabricaban flautas, lo que quiere decir que ya vivían como una recompensa escuchar música, pero no sabemos la causa. Usbek pensaba que la razón por la que algo se considera valioso o deseable es la última frontera de la comprensión.

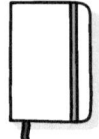 «La esencia del hombre es el deseo —escribió en su cuaderno de campo—. Si comprendiéramos sus deseos, comprenderíamos su esencia.»

La pregunta «¿Por qué me gusta el placer?» no tiene una respuesta que no sea circular. La memoria recuerda que los teólogos medievales consideraban que los deseos naturales habían sido infundidos por Dios y por ello no podían quedar sin satisfacción. Pensaban que en el corazón humano había un deseo natural de conocer a Dios, y que ese tampoco podía verse defraudado. El crítico Kant opinaba lo mismo de la felicidad. Era una expectativa que no podía ser defraudada, y fundamentaba su creencia en la inmortalidad en el hecho de que los humanos no son felices en este mundo y, por lo tanto, debían tener otra vida.

Los deseos, las emociones, los sentimientos y las pasiones son los que impulsan a la acción. Los que informan de la situación del organismo y de su relación con el entorno. Ninguna acción puede emprenderse sin estar más o menos directamente relacionada con algún fenómeno afectivo: deseo, interés, amor, miedo, odio, furia, vergüenza, sentido del deber... Usbek ha descubierto que los motivos de un comportamiento pueden ser muy variados, pero que si la pregunta por esos motivos se repite una y otra vez se llega siempre, cualquiera que haya sido el comienzo, a la misma respuesta. ¿Cuál? Usbek lo comprueba una vez más antes de responder. ¿Para qué madrugas tanto? Para ir al trabajo. ¿Y para qué vas al trabajo? Para ganar un sueldo. ¿Y para qué quieres ganar un sueldo? Para poder vivir. ¿Y para qué quieres vivir? Para ver crecer a mis hijos. ¿Y para qué quieres ver crecer a tus hijos? Antes o después tendrá que contestar: para ser feliz. El concepto de «felicidad» no designa tanto un contenido concreto como la última razón

no conocida de nuestro comportamiento. Una fe implícita en que en algún momento ya no necesitaremos ir más allá. Es una palabra en busca de un significado. Designa algo que ya no haríamos con vistas a otra cosa, sino por ella misma. Sería un puerto de llegada. También lo es el placer, y por eso mucha gente los ha identificado, y fue necesario un gran esfuerzo intelectual para distinguirlos. En resumen, ese animal espiritual que Usbek ha diseccionado, hace lo que hace por una razón poderosa y vaga: para ser feliz. Una meta lejana, que se encarna de manera provisional en cada uno de los deseos que el sapiens tiene y que los budistas creen que se consigue precisamente eliminando los deseos. Ha descubierto que la gran dificultad que tiene el adicto al chocolate para no tomar el bombón que desea es que para él, en ese momento, es la única figura de la felicidad que se le ocurre. No tomar el bombón significa resignarse a no ser feliz.

Usbek vuelve al principio de esa historia. Vuelve a enfrentarse con el gran mundo de la cultura humana, y anota en su cuaderno de campo:

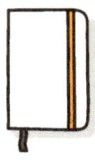 «La cultura es todo aquello que han hecho los sapiens con la esperanza de ser felices, es decir, para evitar el dolor, intensificar el placer, disfrutar con las relaciones sociales, resolver pacíficamente los conflictos y desarrollar actividades lúdicas y creativas. Y lo han hecho por caminos sensatos y por caminos disparatados.»

Esto proporcionó a Usbek un nuevo enfoque: la historia de la humanidad es la historia de la búsqueda de la felicidad, es decir, la historia de las necesidades y los premios, es decir, de los deseos. En su cuaderno traza un recorrido por los imaginarios de la felicidad y los intentos de realización.

2 La APARICIÓN de los Animales ESPIRITUALES

HOMO

¿Qué hay entre medias?

-6.000.000 ⧗ -1.000.000 Años

Para entender bien a los HUMANOS hay que estudiar su Biología

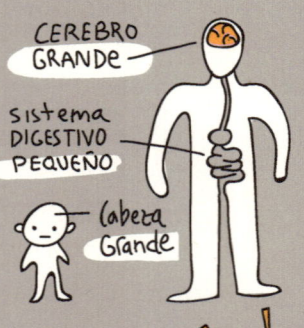

CEREBRO GRANDE

sistema DIGESTIVO PEQUEÑO

Cabeza Grande

Al inventar el LENGUAJE hace 200.000 años, el Sapiens une las Representaciones a PALABRAS, creando fenómenos como el HUMOR, los malos entendidos o conceptos como el INFINITO

∞ ∞ ∞ ∞
S M L XL

Así el sapiens es capaz de IMAGINAR y Manejar objetos y PROYECTOS y de encontrar POSIBILIDADES detrás de estos

REPRESENTACIÓN

MESA

El Pensamiento Simbólico permite a la inteligencia —Crear— REPRESENTACIONES del mundo Real captado por sus sentidos

BIOLOGÍA

El Crecimiento del cerebro demanda energía del sistema digestivo

los inventos del sapiens le han permitido DIGERIR mejor la Comida y eso ha TRANSFORMADO su GENOMA

Este fenómeno es posible Gracias al PENSAMIENTO SIMBÓLICO, pues precisa Planificación

INTELIGENCIA EJECUTIVA

INTELIGENCIA GENERADORA

El fantasma
en la máquina

Tuit 17. Nuestro inconsciente es un telar incansable

Los deseos son una experiencia consciente. Pero Usbek quiere ir más allá. ¿Qué produce esa experiencia?

La memoria de Usbek responde presentando casos:

–La sed es el deseo de beber. El ser humano debe tener constante una tasa de sodio en sangre. Cuando sube, en su cerebro se disparan unos detectores. Ese suceso fisicoquímico pasa a estado consciente como «sed», una sensación que impulsa al sapiens a beber.

–La oxitocina suscita sentimientos de ternura.

–El alcohol produce unas reacciones químicas en el cerebro que el sujeto experimenta como euforia, desinhibición, bienestar o aturdimiento.

La conclusión es que la consciencia permite al sapiens conocer cosas que suceden en su organismo y en su entorno. Si abre los ojos, ve lo que tiene frente a él: el libro que lee, la mesa de trabajo, la ventana, el paisaje. Pero afortunadamente no tiene que conocer las complicadas operaciones neuronales necesarias para vivir esa experiencia tan sencilla que es abrir los ojos y ver. Las ondas electromagnéticas de la luz visible inciden en un objeto, que absorbe una parte de ellas y refleja las otras, que estimulan la retina de un sapiens. Las operaciones químicas que suceden allí para convertir una onda electromagnética en impulso nervioso –una corriente eléctrica de minivoltaje– son abrumadoras incluso para los neurofisiólogos. Transcribiré un párrafo de un libro de fisiología de la visión:

 «Cuando la luz llega a la retina, un fotón interactúa con una molécula llamada 11-cis-retinal, que en unos picosegundos se reconfigura para ser trans-retinal. El cambio de forma de la molécula retinal impone un cambio a la forma de la proteína, la rodopsina, a la cual está estrechamente ligado el retinal. La metamorfosis de la proteína altera su conducta. Ahora llamada metadorropsina II, la proteína se adhiere a otra proteína llamada transducina, etc., etc., etc.»

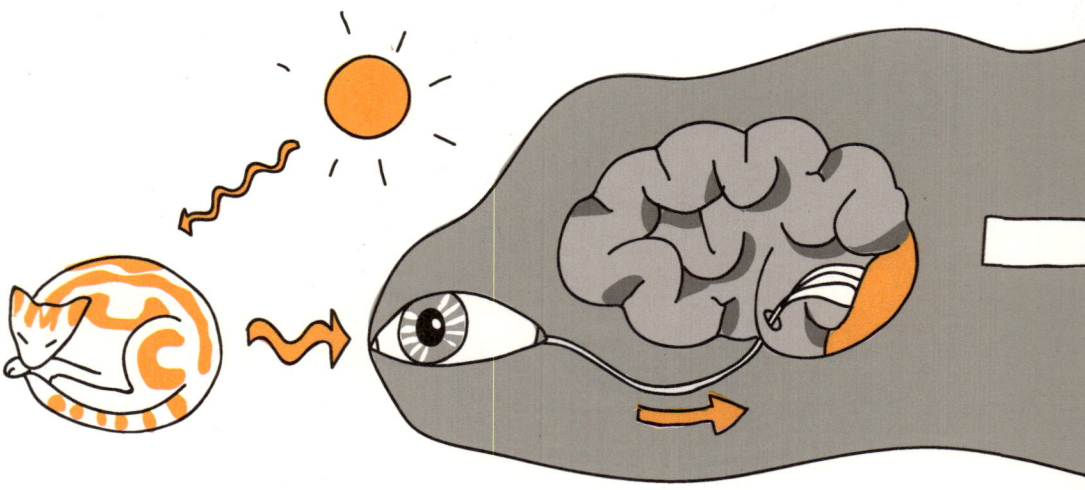

Todas esas complejas reacciones provocan el disparo de unos cien millones de terminales que responden a diferentes aspectos del estímulo. Esa información viaja por el nervio óptico, que recibe señales que vienen de otras zonas cerebrales y completan la información, llega al lóbulo occipital, y allí esas señales se reorganizan y aparece una experiencia visual consciente. Lo que eran señales eléctricas se transforman en percepción, adquieren un significado. Los científicos humanos, desconcertados por este cambio, dicen que se ha producido un fenómeno emergente. Algo radicalmente nuevo surge de condiciones antiguas. Eso sucedió al pasar de la materia inorgánica a la materia viva, y, en este caso, de los acontecimientos fisicoquímicos a la consciencia. El concepto de «emergencia», piensa Usbek, no aclara nada. Solo designa una novedad enigmática y la perplejidad de los científicos.

A partir de esa experiencia consciente, la inteligencia humana se ha esforzado por conocer lo que está más allá –hacia fuera y hacia dentro–. Esa es la tarea de los exploradores, sean científicos, geográficos, artísticos o místicos. Usbek sigue sus huellas. Los científicos han descubierto, tras muchos años de trabajo, las operaciones del cerebro que están en el origen de nuestra experiencia consciente. Y les ha sorprendido constatar que la mayor parte de la información que maneja el cerebro no es conocida por su dueño. Es algo

parecido a lo que sucede en un ordenador. El usuario ve lo que aparece en pantalla, no la serie de fenómenos electrónicos que tienen lugar en su interior. En realidad es lo que ocurre en todo organismo. Todos los humanos tienen hígado, viven gracias a él, sin saber lo que está haciendo en cada momento.

Usbek se ha dado cuenta de que los sapiens evolucionados saben muy poco de todo el tejemaneje de operaciones mentales que su cerebro realiza sin que ellos lo sepan. Los expertos calculan que pueden ser 10 elevado a 14 operaciones por segundo. Es decir, 1 seguido de catorce ceros. Una enormidad. Dejándose llevar de su atracción por el pensamiento mágico, los sapiens cuando quieren explicar el origen de las buenas ideas hablan de inspiración; es decir, parecen creer que un poder superior se las dice al oído. Usbek piensa que no conocen una parte importante de su inteligencia y que por ello no acaban de manejarla de manera adecuada. Para suplir esa carencia, ha decidido profundizar más en el tema. Su memoria lo ha relacionado con un dato sorprendente. El cerebro consume mucha energía en todo momento. Cuando está trabajando intensamente y cuando está descansando o durmiendo. Eso quiere decir que siempre está trabajando intensamente, día y noche. Su capacidad de inventar cosas por su cuenta se demuestra en los sueños, un fenómeno que ha intrigado mucho a Usbek. Los humanos experimentan sueños muy inventivos. Incluso dicen que un famoso químico llamado August Kekulé descubrió en sueños la estructura del benceno. ¿Quién inventa esos sueños? Los psiquiatras estudian las alucinaciones. Los enfermos escuchan voces que les dan órdenes. ¿De dónde vienen? Los ejemplos se le amontonan a Usbek. Los humanos siempre han tenido la experiencia de que en su interior sonaban voces que no eran suyas. Es posible que tardaran mucho tiempo en reconocer que procedían de su propio interior. En la literatura antigua, por ejemplo en Homero, todas las ocurrencias humanas se atribuyen a personajes divinos. El caso más extremo es el de las personas con desdoblamiento de personalidad, que estudió el psicólogo Ernest Hilgard. Por ejemplo, Jonah, un hombre de veintisiete años, llegó al hospital quejándose de fuertes dolores de cabeza. Los médicos descubrieron cambios radicales en su comportamiento, que no eran sin embargo aleatorios. Al final concluyeron que procedían de tres estructuras de personalidad, relativamente estables, construidas dentro de su cerebro, como si fueran programas diferentes de un ordenador. Usbek lo ve con claridad. Ese nivel básico del cerebro es un generador de ocurrencias, entre ellas, los sueños, o las alucinaciones. Es un «generador de preocupaciones», y según dicen los psicólogos que estudian la percepción, un «generador de hipótesis». Algunos neurólogos piensan que tenemos un «generador de narraciones», un «intérprete» que nos cuenta lo que nos pasa. También es autor de las ensoñaciones, ese «soñar despierto» en que la imaginación espontáneamente divaga e inventa historias. Es, por último, un generador de deseos y emociones. Por eso ha decidido llamar «inteligencia generadora» a ese nivel del que surgen. Es fértil, expansiva, construye ideas sobre ideas, imágenes sobre imágenes, proyecta e inventa. Y es la que habla. Cuando nos despertamos, empezamos a experimentar una «corriente de consciencia», comenzamos a pensar, sentir y recordar; recuperamos el hilo con la consciencia de ayer, que aparcamos al dormirnos. El motor de esa corriente de consciencia es esa inteligencia generadora, que ahora sabemos que también ha estado trabajando mientras dormíamos, aunque no nos demos cuenta. Parece ser que es durante esas horas cuando se encarga de fijar los recuerdos. Si fuéramos mitólogos, podríamos decir que Memoria es hija del Sueño.

Tuit 18. ¿Sabe usted quién compuso la música de Mozart?

Estos procesos realizados automáticamente pueden ser muy complejos. Usbek tiene presente muchos casos de ocurrencias artísticas –como la del poeta Coleridge, que afirmaba haber escuchado en sueños su famoso poema *Kubla Khan*, o Mozart, que escribió en una carta que veía sus composiciones de una vez–, pero le interesan más los ejemplos de actividades más regladas, como las matemáticas. Gauss, el mayor genio matemático de la historia, contó en una carta su descubrimiento de un complejo teorema de la teoría de números: «Hace dos días lo logré, no por mis penosos esfuerzos, sino por la gracia de Dios. Como tras un repentino resplandor de relámpago, el enigma apareció resuelto. Yo mismo no puedo decir cuál fue el hilo conductor que conectó lo que yo sabía previamente con lo que hizo mi éxito posible». Hamilton describió así su descubrimiento de los cuaternios: «Vinieron a la vida completamente maduros, el 16 de octubre de 1843, cuando paseaba con la señora Hamilton hacia Dublín, al llegar al puente de Brougham. Allí saltaron en mi interior como chispas las ecuaciones que buscaba».

Usbek parece convencido de que el cerebro humano hace cosas maravillosas sin saberlo. Demuestra teoremas matemáticos sin saber matemáticas. Descubre patrones en masas confusas de información. Concede créditos razonadamente sin saber lo que es el dinero. Redacta artículos bien informados sin entender nada de lo que escribe. Los diagnósticos médicos hechos por programas informáticos son muy fiables. Una parte importante del trabajo de los abogados, de los ingenieros y de los economistas pueden hacerlo ordenadores. Programas como Google Translate traducen de un idioma a otro sin entender lo que traducen. ¿Cómo es posible que hagan cosas tan complejas? Por mi cuenta he intentado corroborar los casos mencionados por Usbek, porque me parecen intrigantes, y he encontrado otros muchos. El gran matemático inglés G. H. Hardy escribió la historia de Srinivasa Ramanujan, un extraño matemático indio, gran experto en teoría de números, que desconocía cómo descubría sus teoremas. Atribuía la tarea a la diosa Namagiri. Henri Poincaré recuerda que la solución al complicado problema de las funciones fuchsianas apareció de repente en su cabeza, cuando no estaba pensando en ellas, en el momento de subir a un autobús para iniciar una excursión. Poincaré sacó de estos fenómenos la conclusión obvia: él no estaba pensando en esas funciones, pero su cerebro sí. La creación matemática, concluyó, es inconsciente. El asunto le intrigó y siguió dándole vueltas. Al final llegó a la conclusión de que el inconsciente creaba matemáticas dejándose llevar por una visión estética, que no siempre acertaba. Por eso las ideas que emergían debían ser revisadas críticamente. Seymour Papert, uno de los padres de la inteligencia artificial, ha comentado estas ideas en su obra *Desafío a la mente*. «El trabajo matemático —escribe— no avanza por el estrecho sendero lógico de una verdad a otra y luego a otra, sino que osadamente o a tientas sigue desviaciones a través del pantano circundante de proposiciones que no son ni simple ni totalmente ciertas, ni simple ni totalmente falsas.»

Por lo tanto, tiene razón Usbek. El cerebro de los sapiens es una potentísima máquina biológica de computar información. Su capacidad biológica —que Usbek compara con el cableado de un ordenador, con su hardware— es completada por las «aplicaciones» instaladas en él, por los programas, por el software. Lo que parece indudable es que la inteligencia generadora produce fenómenos conscientes. Esto no lo hace la robótica avanzada que hay en la civilización de Usbek. No se ha conseguido un robot consciente. El sujeto humano no experimenta los acontecimientos neuronales sino percepciones, recuerdos, ideas, imágenes... y también sentimientos, emociones, impulsos. Unos queridos y otros no. El abad san Bernardo de Claraval se quejaba de que estando él y sus monjes dedicados a la oración no podían evitar la intromisión de pensamientos perturbadores: «¿De dónde saltan tantos pensamientos vanos, nocivos, obscenos, que nos torturan por la impureza, el orgullo, la ambición y cualesquiera otras pasiones, hasta el punto de que apenas podemos respirar en la serenidad de sublimes consideraciones?». Usbek sabía la respuesta: de la inteligencia generadora.

Pero el sapiens aprendió algo. Los deseos impulsan a la acción, pero no siempre es útil actuar impulsivamente. Vivir en grupo exige saber controlarse. Colaborar exige saber controlarse. La cooperación fue imprescindible para el gran salto humano, pero exigió una torsión de la vida impulsiva. Ahora, con los conocimientos modernos, los sapiens saben que no se pueden fiar de todas las propuestas que emergen de la inteligencia generadora. Tan explosiva creatividad podría resultar problemática si no hubiera un sistema de autocontrol, de vigilancia, de dirección de tal actividad. Usbek tuvo el pálpito de que había llegado al big bang, a la capacidad absolutamente transformadora del ser humano. A partir de las experiencias conscientes, el sapiens puede controlar o dirigir de alguna manera toda la maquinaria inconsciente. Puede dar la orden de marcha y la orden de parada. La inteligencia humana es la inteligencia animal capaz de autocontrolarse conscientemente, es decir, mediante representaciones, ideas y proyectos. Puede, por ejemplo, recordar voluntariamente lo que hizo el día anterior o cuál es la capital de Argentina o qué es una verbena. El sujeto no sabe las operaciones que el cerebro tendrá que hacer para lograrlo. Se limita a darle una orden y a esperar que la memoria responda. El lector puede hacer la prueba. Deje de leer un instante y pida a su memoria que le proporcione palabras equívocas, es decir, que signifiquen dos cosas muy distintas. Por ejemplo, «gato», que es un animal y una herramienta. Sentirá la impresión de que está buscando algo dentro de su cabeza, incluso posiblemente sus ojos se moverán. Lo más probable es que emerjan en su conciencia algunos ejemplos. Su memoria habrá cumplido la orden: «banco» (para sentarse o para guardar dinero), «cardenal» (hematoma o jerarquía eclesiástica), etc. La capacidad de dirección es fácil de describir y difícil de explicar. Usbek lo anotó así:

 «Lo peculiar de la inteligencia humana es que puede orientar, dirigir y controlar hasta cierto punto las actividades de la inteligencia generadora. La capacidad de autocontrol hace humanos a los humanos.»

Tuit 19. ¿Quién manda cuando usted manda? ¿Quién decide cuando usted decide?

Esa es la nueva capacidad, la capacidad definitiva. La que provocó la gran ruptura evolutiva. La desconexión de las fuerzas naturales, para regularlas por fuerzas simbólicas. El cerebro animal es puesto en marcha y dirigido por los estímulos internos y externos. Usbek recordó el caso del águila, que pone en marcha su programa de caza impulsada y dirigida por la sensación interna de hambre y la externa del conejo. Los humanos pueden sentir hambre y, sin embargo, no comer porque eso va en contra de alguna de sus metas. Adelgazar, por ejemplo. O cumplir una norma religiosa. Recordó también que los delfines eran dirigidos por órdenes procedentes de su entrenador que habían aprendido a obedecer. El niño, con una facilidad pasmosa, aprende también a obedecer órdenes de sus educadores, incluidas órdenes aplazadas: «Cuando suene la campana, vienes a avisarme». Pero Usbek ha comprobado que cuando tienen aproximadamente cinco años, los niños comienzan a darse órdenes a sí mismos. Es decir, replican internamente las rutinas que han aprendido socialmente a realizar. Así lo harán durante el resto de su vida. Han interiorizado comportamientos externos. Por ejemplo, han aprendido a contestar preguntas que les hacían buscar información en su memoria. «¿Qué has aprendido en el colegio?», le preguntan sus papás. Y el niño responde: «A sumar dos números». «¿Dónde has dejado la pelota?» «En la escalera.» «¿Cómo se llama tu mejor amigo?» «Carlos.» Al crecer, el niño comienza a hacerse preguntas a él mismo, y así maneja su memoria. También seguirá haciéndolo durante toda su vida. El cerebro del sapiens ha aprendido a darse órdenes, en ese proceso educativo social. Y el lenguaje es un potente vehículo de autocontrol.

Así es como se ha ido organizando en el cerebro humano una «superaplicación»; un «programa ejecutivo», encargado de cuatro cosas: fijar las metas a la inteligencia generadora; evaluar las propuestas que esa inteligencia propone; pasar a la acción, bloquear la respuesta, o pedir una alternativa; monitorizar la acción. A pesar de su importancia, depende de la actividad de la inteligencia generadora, de la misma manera que en un avión la capacidad ejecutiva del piloto depende de que los motores funcionen. O, para utilizar un ejemplo más humano, la capacidad del gobernante solo puede ejercerse si los gobernados la aceptan. La inteligencia ejecutiva tiene una función parecida a la de un aduanero. Las ocurrencias quieren adueñarse de la conciencia, o pasar a la acción, y el aduanero se encarga de examinar sus documentos y, en consecuencia, dejarlas pasar, o rechazarlas. Jonathan Haidt utiliza una expresiva metáfora: la inteligencia ejecutiva es el jinete de un elefante, que es la inteligencia generadora. Sería imposible conducirlo sin contar, de alguna manera, con la cooperación del paquidermo. Esa es la peculiar y complicada tarea de la educación.

La memoria proporciona a Usbek información variada.

Las teorías duales de la inteligencia, que distinguen entre nivel generador y nivel ejecutivo, aparecen en varios campos:

—**Neurológicos**. El lóbulo prefrontal se encarga de las funciones ejecutivas, es decir, planifica, controla, monitoriza las demás funciones
cerebrales, a excepción de las que dependen del sistema nervioso
autónomo, e incluso estas en algunas ocasiones (por ejemplo, tras el
entrenamiento yogi).

—**Informáticos**. La estructura básica de los ordenadores tiene un programa ejecutivo de superior nivel, que es el que decide qué programas generadores van a activarse.

—En los **programas de juego de ajedrez**, hay una parte generadora
que produce posibles jugadas (calcula 200 millones por segundo) y
luego otro programa que evalúa y decide cuál es la mejor.

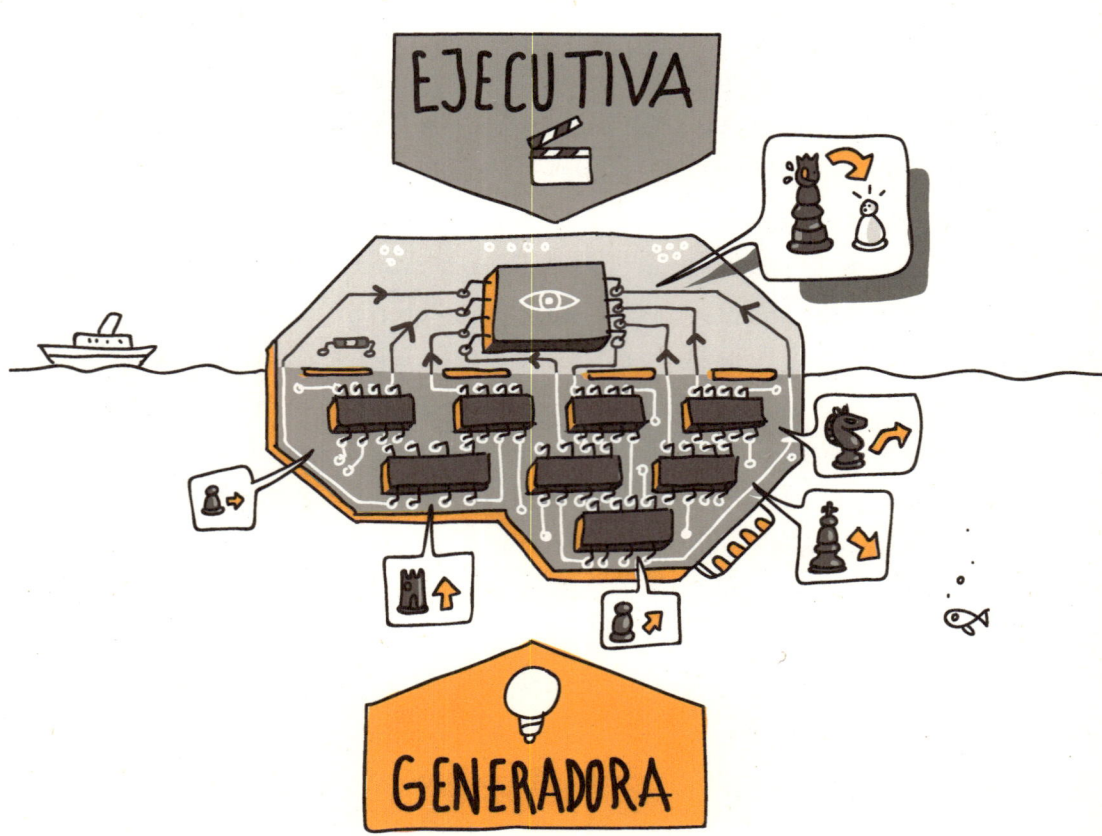

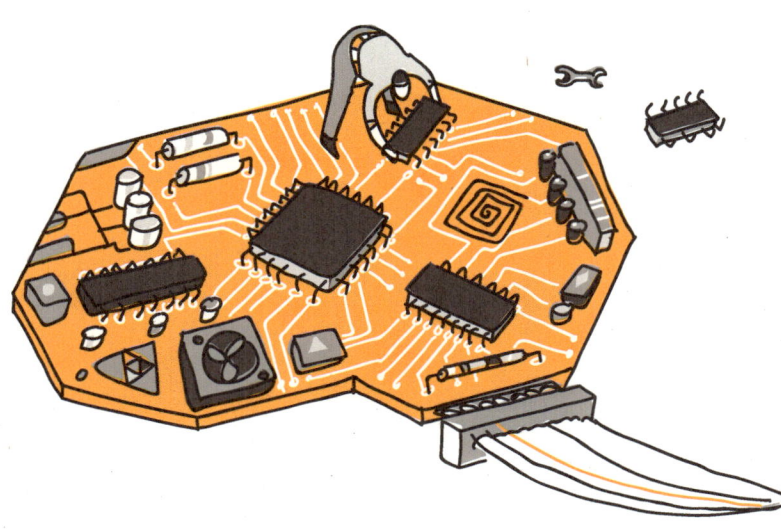

Tuit 20. Repita este mantra: somos una inteligencia dual y tenemos que conducir a un elefante

La inteligencia ejecutiva transforma las operaciones básicas de la inteligencia generadora porque las orienta hacia una meta. Todos los animales superiores nacen con sistemas de «atención automática», que les sirven para estar alerta ante posibles peligros. El sapiens puede, además, dirigir voluntariamente la atención hacia un objeto. Los animales tienen memoria y aprenden espontáneamente. El sapiens puede decidir lo que quiere aprender, y guiar a su memoria para que lo haga. Todas las operaciones mentales se transforman al ser dirigidas por un proyecto. Incluso la percepción visual, que parece que se limita a abrir los ojos y recibir la información. Sin embargo, si acompañáramos a un pintor, un botánico, un escalador y un constructor durante un paseo por la montaña, comprobaríamos que ven lo mismo, pero perciben cosas diferentes. El pintor, el juego de líneas y colores; el botánico, la flora; el escalador buscaría agarres para trepar, y el constructor pensaría en las espectaculares casas que podría construir allí. Las metas de cada uno de ellos determinan la interpretación de los datos.

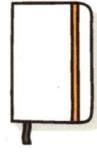

La conclusión de Usbek es la siguiente: los sapiens poseen una inteligencia dual: generadora y ejecutiva. Esa es su capacidad diferenciadora. Es el origen de la creatividad y del comportamiento libre. Este es el origen, el big bang de la inteligencia humana y, por lo tanto, de su genuina evolución.

Tuit 21. Si quiere comprenderse a sí mismo, visite un psiquiátrico

Usbek ha pensado que para comprobar si su idea de la inteligencia dual es correcta, le convendría conocer un hospital psiquiátrico. Para informarse de las cosas que hacen los sapiens había visitado museos, bibliotecas, iglesias, centros de investigación y tribunales de justicia. Ahora le interesaba conocer las patologías de la inteligencia. La locura también es una característica humana. Se dio cuenta de que muchas de las enfermedades mentales estaban producidas por un mal funcionamiento de la inteligencia generadora y por la falta de eficacia de la inteligencia ejecutiva. Por ejemplo, el trastorno obsesivo-compulsivo consiste en no poder dejar de pensar en una cosa, o de actuar de una manera. Es decir, la enfermedad bloquea el control de la inteligencia ejecutiva y deja al sujeto a merced de la inteligencia generadora.

 La memoria proporcionó a Usbek casos chocantes. Una mujer que perió-
dicamente, poseída por el horror al polvo, gastaba sesenta litros de agua
de colonia para frotar los techos de su casa. Se pasaba la vida en lo alto de
una escalera. Decía con una ingenuidad trágica: « Tuve un marido irrepro-
chable, hijos encantadores, una salud perfecta y una fortuna envidiable,
¡pero estaba el polvo, el polvo!».

Ese desarreglo puede darse en personas muy inteligentes. Un caso muy conocido es el de Nikola Tesla, un genio de la física, competidor de Edison,
que comercializó la electricidad. Estaba obsesionado por los múltiplos de 3.
Pedía todos los días exactamente 18 toallas, daba tres vueltas a la manzana
y se alojaba en la habitación 207 porque es divisible por 3.

Las alucinaciones muestran también disfunciones en la relación de los
dos niveles de inteligencia. La inteligencia generadora produce voces o imágenes que la inteligencia ejecutiva juzga equivocadamente como procedentes del exterior. Los psiquiatras dicen que, en ese caso, hay un error en el
modo de evaluar su realidad. La adicciones son también patologías que
pueden explicarse por la arquitectura dual que Usbek propone. Y los auto-
matismos o conductas estereotipadas, que se dan en los trastornos del es-
pectro autista. Muchas lesiones en los lóbulos frontales impiden acciones
planificadas, o dirigir la atención, o controlar los impulsos. Las depresiones,
las manías y los trastornos bipolares están provocados por la inteligencia

generadora fuera de control. Lo que se pretende con los tratamientos farmacológicos es alterar el funcionamiento generador o, en algunos casos, potenciar las funciones ejecutivas. Lo mismo pretenden las psicoterapias. Por ejemplo, parece contradictorio que los trastornos por déficit de atención e hiperactividad mejoren con la administración de estimulantes, como las anfetaminas. Es posible que produzcan ese efecto porque fortalecen los sistemas ejecutivos, que controlan las demás funciones.

Usbek aprendió también que la cultura puede favorecer algunos trastornos psiquiátricos. Concretamente, el aumento de las depresiones parece que se debe a algunas condiciones de la vida actual. De hecho, ha aparecido una «psiquiatría cultural» que estudia la manera en que la cultura influye en las manifestaciones patológicas. Por ejemplo, los manuales de psiquiatría advierten que aunque las alucinaciones son síntomas de esquizofrenia, no deben considerarse tales en ciertas tribus mexicanas en las que son manifestaciones normales del duelo. Algunos psiquiatras culturales afirman que en la India no hay depresiones patológicas, porque sus creencias básicas se lo impiden. Investigadores de países subsaharianos o iberoamericanos aseguran que en ellos no hay los trastornos producidos por la menopausia en países occidentales, posiblemente porque las mujeres la interpretan como una liberación (Y. Beyene y M. Martin, «Menopause without symptoms: The endocrinology of menopause among rural Mayan Indians». *Am J Obstet Gynecol.*, 168, 1993, pp. 1839-1843).

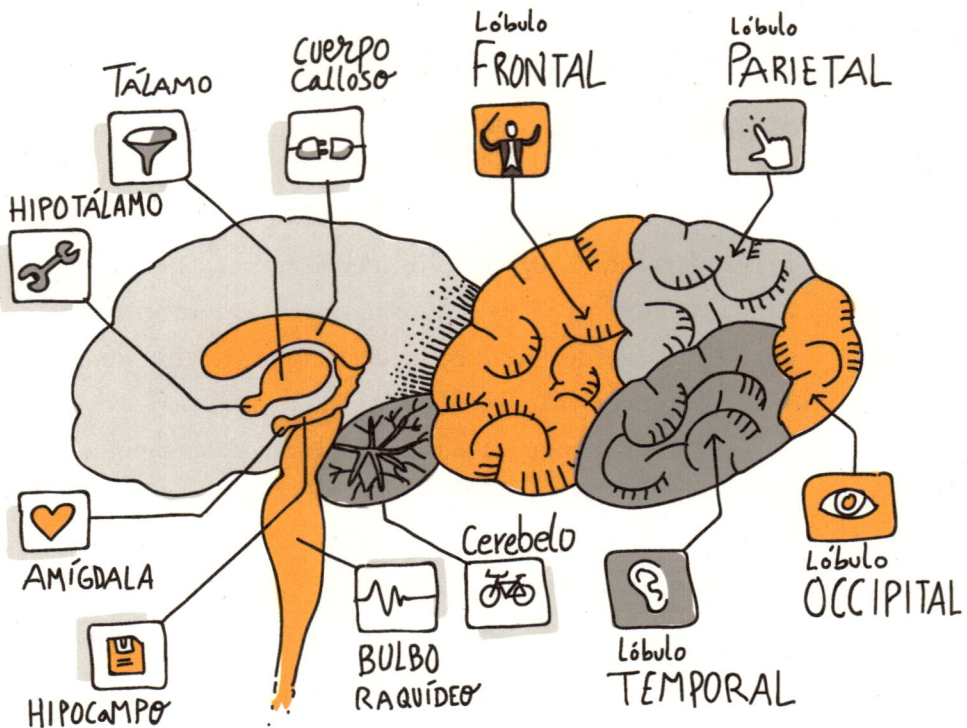

TÁLAMO

CUERPO CALLOSO

Lóbulo FRONTAL

Lóbulo PARIETAL

HIPOTÁLAMO

AMÍGDALA

HIPOCAMPO

BULBO RAQUÍDEO

Cerebelo

Lóbulo TEMPORAL

Lóbulo OCCIPITAL

Tuit 22. El universo se condensa en menos de kilo y medio

Si su idea de la inteligencia dual era verdadera, la anatomía del cerebro debería corroborarla, así que Usbek se dedicó a estudiar ese kilo y medio escaso de sustancia gelatinosa. Tuvo suerte, porque encontró en él la arquitectura que había previsto. Zonas dedicadas a procesar información sensorial, zonas que responden a emociones, zonas que organizan y dirigen los movimientos, zonas que los ejecutan, sistemas de retroalimentación que vigilan la realización de la tarea… Es una compleja pero ordenada estructura. Verticalmente, el bulbo raquídeo es el área que dirige actividades vitales como la respiración o los latidos del corazón. Una lesión grave produce la muerte. Más arriba se encuentran zonas implicadas en la memoria y en las emociones, como el hipocampo y la amígdala. Sobre ellas están las áreas de encuentro y distribución: el hipotálamo y el tálamo. Hay unas estructuras importantes para la investigación de Usbek –los ganglios basales– porque son la sede de los hábitos, fundamentales para la memoria. Y recubriéndolo todo, el área más moderna: la corteza. Los dos hemisferios están conectados por un mazo de unos doscientos millones de fibras nerviosas, que se denomina «cuerpo calloso». Se distinguen grandes lóbulos: parietal, temporal, occipital y frontal. Debajo del lóbulo occipital se encuentra el cerebelo, un potentísimo ordenador capaz de organizar los movimientos musculares.

En el cerebro todo es gigantesco. Hay cien mil millones de neuronas, y seis veces más de células gliares, que prestan variados servicios a aquellas. Cada neurona recibe mensajes por arborescencias llamadas «dendritas» y emite mensajes por el axón, con el que conecta con otras neuronas. Sin embargo, aunque lo que transmiten son señales eléctricas, las neuronas no están conectadas como tiene que estarlo una instalación eléctrica cualquiera. Están separadas por el espacio intersináptico, que el mensaje atraviesa por medios químicos. Unas sustancias, denominadas «neurotransmisores», se encargan de reproducir la señal en la otra célula, introduciendo algunas modulaciones. El mal funcionamiento de estos neurotransmisores produce patologías. El párkinson, por ejemplo, está causado por una carencia de dopamina, un neurotransmisor.

La experiencia que tenemos de las relaciones entre el mundo emocional y el control ejecutivo coincide con lo que nos enseña la neurología. El córtex prefrontal dirige, proyecta, decide, pero no puede hacerlo sin el concurso de la energía emocional. Un dramático acontecimiento permitió descubrir esa relación. En 1848, un obrero llamado Phineas Gage, que trabajaba en la construcción del ferrocarril en el estado de Vermont, sufrió un accidente. Una explosión hizo que una barra de hierro le atravesara la cabeza, entrando por debajo del pómulo y afectando al lóbulo frontal. Sin embargo, la víctima se recuperó bien y, asombrosamente, sin ninguna secuela visible. El único cambio fue una alteración en su carácter. De ser una persona responsable y trabajadora se convirtió en alguien incapaz de controlarse y de mantener su trabajo. Un siglo después, un gran neurólogo, Antonio

Damasio, descubrió que la barra había seccionado los enlaces entre el lóbulo frontal y las zonas emocionales profundas (la zona límbica). Demostró que esos enlaces eran necesarios para poder controlar las emociones y las conductas impulsivas. Pero, además, descubrió otras cosas: la actividad emocional era necesaria para que el lóbulo frontal pudiera tomar decisiones. La razón sin emoción era paralítica; la emoción sin la razón era incontrolada. La vieja oposición entre razón y pasión se empezó a ver con una luz nueva.

Usbek conoce ya la arquitectura de la inteligencia humana, pero eso no le basta. Está implicado en un proyecto de «psicología inversa», y quiere entender la genealogía de esas capacidades. Y algo más: ¿hasta dónde pueden llegar? ¿Ha terminado ya la evolución de la inteligencia humana?

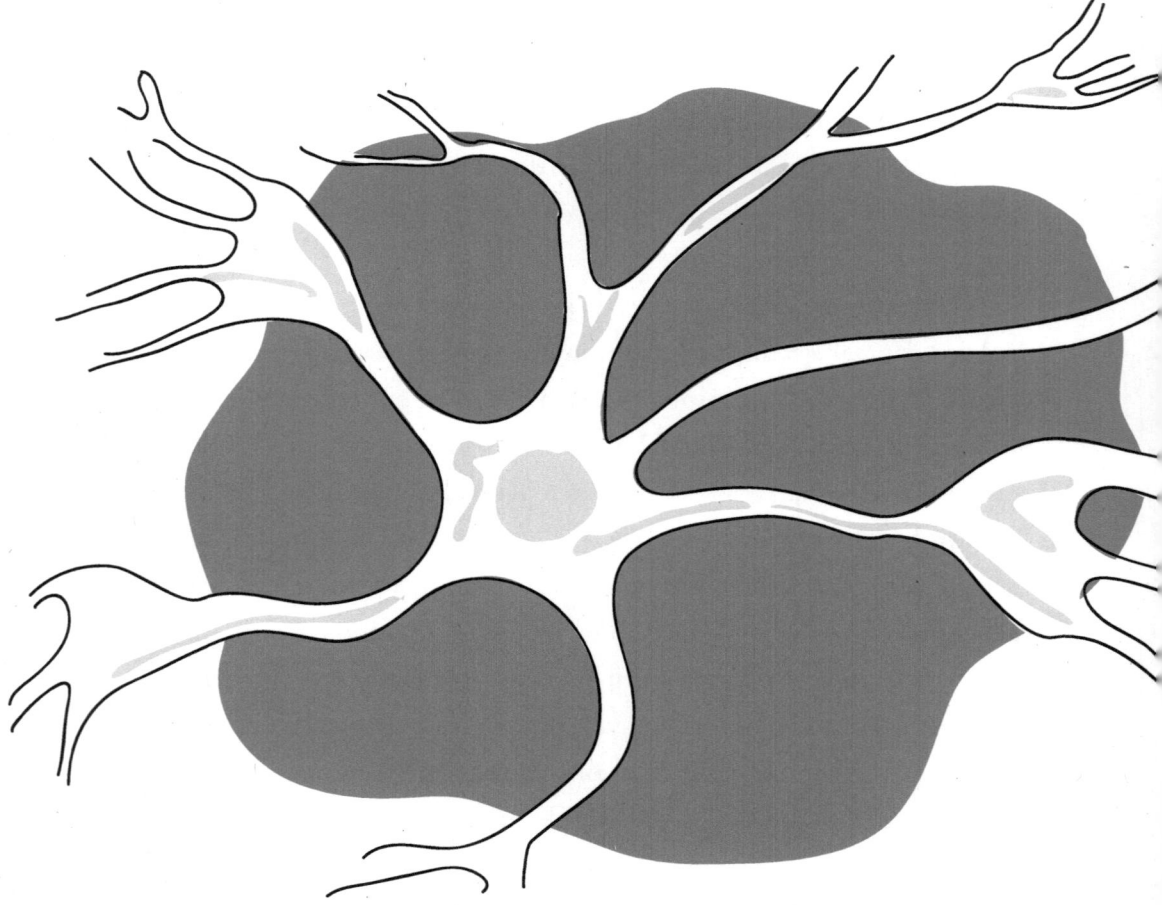

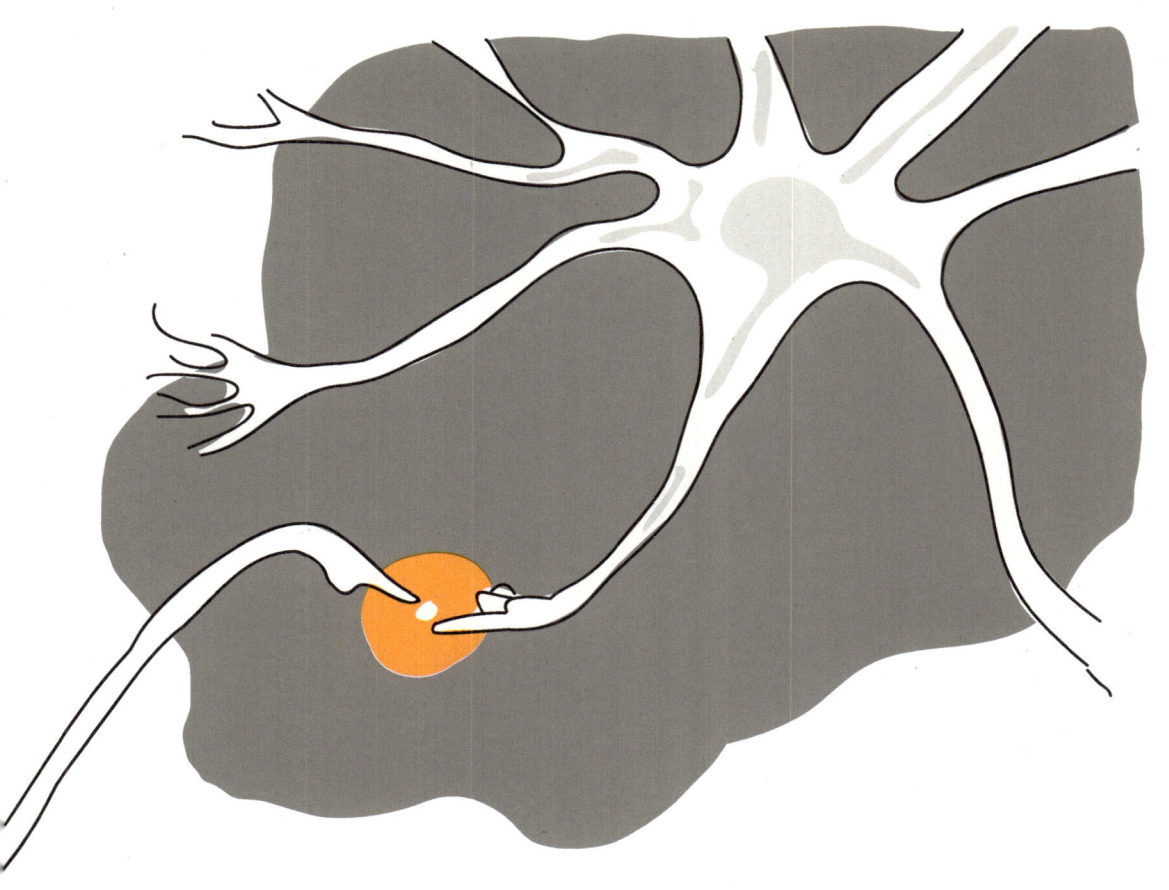

MAPA 3

3 el Fantasma en la MÁQUINA

La luz incide en un objeto que la refleja

Desde la Retina esta información es conducida por el nervio Óptico a través del CEREBRO

EL LÓBULO OCCIPITAL interpreta la Señal y la Convierte en EXPERIENCIA CONSCIENTE

Muchas enfermedades MENTALES están producidas por un MAL funcionamiento de la Generadora y por falta de eficacia de la EJECUTIVA

Esta inteligencia DUAL es el origen de la creatividad y del comportamiento LIBRE, es el BIG BANG que despertó la Genuina EVOLUCIÓN del SAPIENS

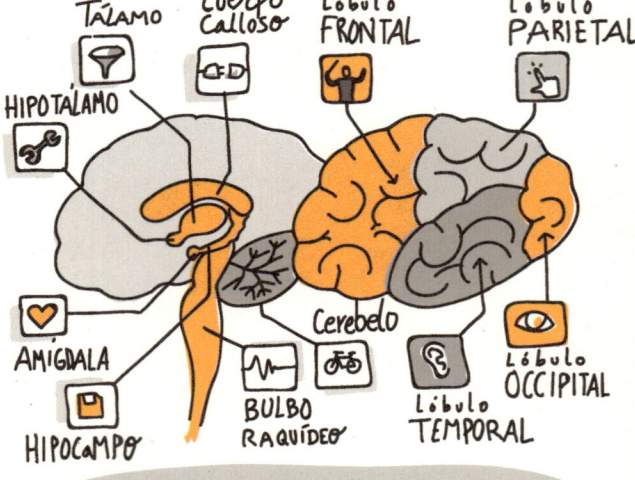

TÁLAMO
CUERPO Calloso
Lóbulo FRONTAL
Lóbulo PARIETAL
HIPOTÁLAMO
AMÍGDALA
HIPOCAMPO
BULBO RAQUÍDEO
Cerebelo
Lóbulo TEMPORAL
Lóbulo OCCIPITAL

Así es como se ha ido organizando en el cerebro una SUPERAPLICACIÓN que funciona como una ADUANA y que he llamado Inteligencia EJECUTIVA

BIG BANG

Su FUNCIÓN es fijar las metas a la Generadora y evaluar sus Propuestas

ejec   Gen

4

Una nueva fuerza evolutiva

Tuit 23. Nada hay más tonto que decir que la memoria es la inteligencia de los tontos

Usbek había definido al animal espiritual como el animal que habla y que se autocontrola. ¿Cómo habría llegado a poseer esas habilidades? Durante siglos, la mayoría de los sapiens habían pensado que eran regalos de la divinidad. Más tarde se aceptó como solución más verosímil la evolución de la especie. Usbek sospechaba que los biólogos habían olvidado algo al estudiarla. Explican la evolución como un juego de mutaciones genéticas que la selección natural va cribando. Solo se mantienen las que resultan útiles. Por alguna razón, las hembras del pavo real se sintieron atraídas por los machos que desplegaban una cola más espectacular. Acabaron por poder emparejarse solo los dichosos propietarios de tan incómodo plumaje, de manera que la especie se estabilizó así. Usbek piensa que en los humanos, además de la mutación y la selección, funciona otro factor evolutivo: el aprendizaje. Considera que la memoria estaba en el fundamento de todo el cambio humano. Más aún, que todo cambio permanente en los seres vivos puede interpretarse como un proceso de aprendizaje, como la permanencia en el organismo de los sucesos vividos. El sistema inmunológico tiene una poderosísima memoria, donde guarda los anticuerpos que se activarán con la presencia de una bacteria conocida. En su esquema sobre el GRAN SECRETO introdujo otra variación:

Sapiens = Biología + Cultura
Sapiens = Bucle prodigioso
Sapiens = Biología + Memoria

A Usbek le pareció que los sapiens no daban valor a la memoria. Incluso que no sabían mucho sobre ella. La comparaban con un almacén en que se guardan cosas y donde la gran dificultad está en encontrarlas luego, cuando en realidad es la capacidad que posee la inteligencia de crecer. La vida biológica tiene sus mecanismos de crecimiento, su metabolismo para desarrollarse. La vida mental, también. Y esa es la memoria: la capacidad que tiene todo el sistema nervioso de cambiar de acuerdo con la experiencia. Por eso, cuando la memoria colapsa, como en la enfermedad de Alzheimer, toda la actividad intelectual colapsa. El estudio de la memoria y del aprendizaje le pareció a Usbek imprescindible para entender al sapiens. Él mismo sabía por experiencia hasta qué punto dependía de su memoria.

Todas las especies animales tienen capacidad de aprender. Un perro aprende a asociar la comida con el sonido de una campana y comienza a salivar cuando la escucha. Un delfín aprende a hacer cabriolas en un parque acuático. Y el bonobo Kanzi aprendió a decir frases de dos palabras. Todos ellos nacen con unas capacidades de aprendizaje especializadas, unas propensiones para aprender algunas cosas y un techo de aprendizaje. El ser humano aventaja a todos en su capacidad. Un niño, a los seis años, ha aprendido a usar 13.000 palabras. Razona, anticipa, imagina, es capaz de comprender las intenciones de los demás, y ha adquirido habilidades motoras muy refinadas, como empezar a escribir. Junto a la asociación y a la imitación, dispone de otro proceso de aprendizaje: tiende a repetir las conductas que han sido premiadas.

Los humanos aprenden sin saber cómo lo hacen, sin comprender lo

que hacen. Asocian, relacionan, calculan, perciben regularidades, perciben discrepancias y anticipan sucesos. Pero su capacidad de aprendizaje está aumentada y acelerada porque aprovechan la experiencia de los demás. No tienen que descubrir otra vez el fuego. No tienen que inventar el hacha de piedra, porque ya está inventada. Tampoco tenían que descubrir cómo coser pieles para protegerse del frío. Hace unos 100.000 años ya lo hacían. Las vestimentas encontradas se han podido fechar por un extraño procedimiento: analizando el ADN de los piojos encontrados en ellas. No tienen que aprender desde cero a seguir el rastro de una pieza, porque otro se lo enseña. Louis Liebenberg ha estudiado los requisitos cognitivos necesarios para las habilidades rastreadoras expertas de los cazadores recolectores sudafricanos. Este rastreo combina habilidades muy sofisticadas de reconocimiento de patrones, una muy cuidadosa observación y un depósito de información muy valiosa sobre la historia natural. Los rastreadores entienden por qué cambian las huellas de un mismo animal según esté cansado, asustado, tenso o relajado. Los jóvenes aprenden escuchando a los rastreadores expertos.

 Usbek escribió: «El aprendizaje se parece a la nutrición. Al aprender y al comer se asimilan sustancias externas. En ambos casos el trabajo se simplifica si los alimentos (o la información) se toman ya predigeridos».

Usbek reconoció el bucle prodigioso que había descubierto desde el principio y que ahora se iba precisando. La inteligencia de los sapiens crea cosas que revierten sobre la propia inteligencia y la cambian. De eso se encarga el aprendizaje. Cayó entonces en la cuenta de que debía haberse fijado –junto a las bibliotecas, museos, laboratorios, tribunales de justicia y hospitales psiquiátricos– en otro invento humano más fundamental: la escuela. Le pareció la institución que revelaba más sobre la inteligencia de los sapiens. Los humanos habían reconocido que su evolución se basaba en el aprendizaje, e inventaron una herramienta dedicada a fomentarlo y dirigirlo: la escuela. Usbek la relacionó con la agricultura. Esta fue una herramienta para asegurar la nutrición. La escuela era una herramienta para asegurar el aprendizaje, y, mediante el aprendizaje, la permanencia de los saberes de la sociedad. La memoria de Usbek remató la cuestión: cultura procede de la palabra «cultivo».

Tuit 24. ¿Quién adiestra al adiestrador?

El gran salto evolutivo se da, escribe Usbek, cuando el cerebro del sapiens aprende a controlarse a sí mismo conscientemente. A continuación se pregunta: «¿Y eso cómo pudo ocurrir?». Observa a su alrededor buscando una pista. Por pasar el rato acude a un parque acuático, en el que ve un espectáculo de delfines y orcas adiestradas. Desde el borde de la piscina, el entrenador les da órdenes que los animales obedecen. El suceso le parece extraño y misterioso. ¿Qué está sucediendo? Un cerebro de superior nivel ha introducido una «aplicación» en los cerebros, potentes pero inferiores, de las orcas y los delfines. ¿Y si los sapiens fueran también el producto de una domesticación, de un entrenamiento? ¿Y si esa capacidad de autocontrol que les caracteriza la hubieran aprendido? Usbek rechazó en principio la hipótesis porque suponía admitir una inteligencia de superior nivel a la humana, y aunque sabía que muchos sapiens creen que Dios ha sido el gran transformador de la inteligencia animal en inteligencia humana, prefería buscar una explicación más terrenal. Mas no encontraba esa inteligencia superior, pero no divina.

De repente, tuvo una «iluminación», esa experiencia instantánea en la que todas las cosas casan. Creo que se da cuando en la memoria de Usbek se activan simultáneamente muchas redes que habían estado trabajando en paralelo; en este caso, las que trabajaban sobre los mecanismos individuales y las que trabajaban sobre mecanismos sociales. Al unirse le han presentado como evidente que había una inteligencia superior a la inteligencia del individuo humano: la inteligencia social, la inteligencia compartida, la cultura. La inteligencia individual es una abstracción, porque el cerebro se desarrolla mediante la interacción con los demás. Recordó la historia de los niños que en la India eran raptados por lobos y vivían con ellos durante años. La historia fue embellecida y falseada por *El libro de la selva*, de Rudyard Kipling. El cerebro de esos bebés era, como el de todos los niños, una formidable máquina de aprender, pero aprendieron lo que tenían alrededor: costumbres de lobo. En 1920 se recuperó a dos niñas, Amala y Kamala, en la región de Calcuta. Dor-

mían juntas acurrucadas, aullaban, bebían a lametadas, necesitaban estar con perros para comer bien (carne cruda sobre todo), se quitaban a mordiscos las ropas que les ponían, tenían hábitos nocturnos, visión en la oscuridad, un olfato extraordinario y serias dificultades para aprender a hablar y caminar erguidas. Sin llegar a esos extremos, los niños criados en aislamiento no desarrollan bien su inteligencia. Las investigaciones llevadas a cabo impulsaban a Usbek a imaginar el sistema cerebro-sociedad como si fuera un sistema de distribución de energía eléctrica. El generador central –la cultura– proporciona energía a los ciudadanos, que la utilizan según su capacidad y para sus propios proyectos. Unos para iluminar, otros para poner en marcha motores, otros para calentarse… No hay actividades individuales sin la energía que viene de la central, pero, por otra parte, los individuos deben tener mecanismos para aprovecharla y, además, son también fuentes de energía. Pueden tener sus paneles solares para producción de electricidad y verterla a la red, que entonces se vuelve más potente. A Usbek esta idea de la cultura como una red por la que transitan conocimientos y modelos le pareció ilustrativa.

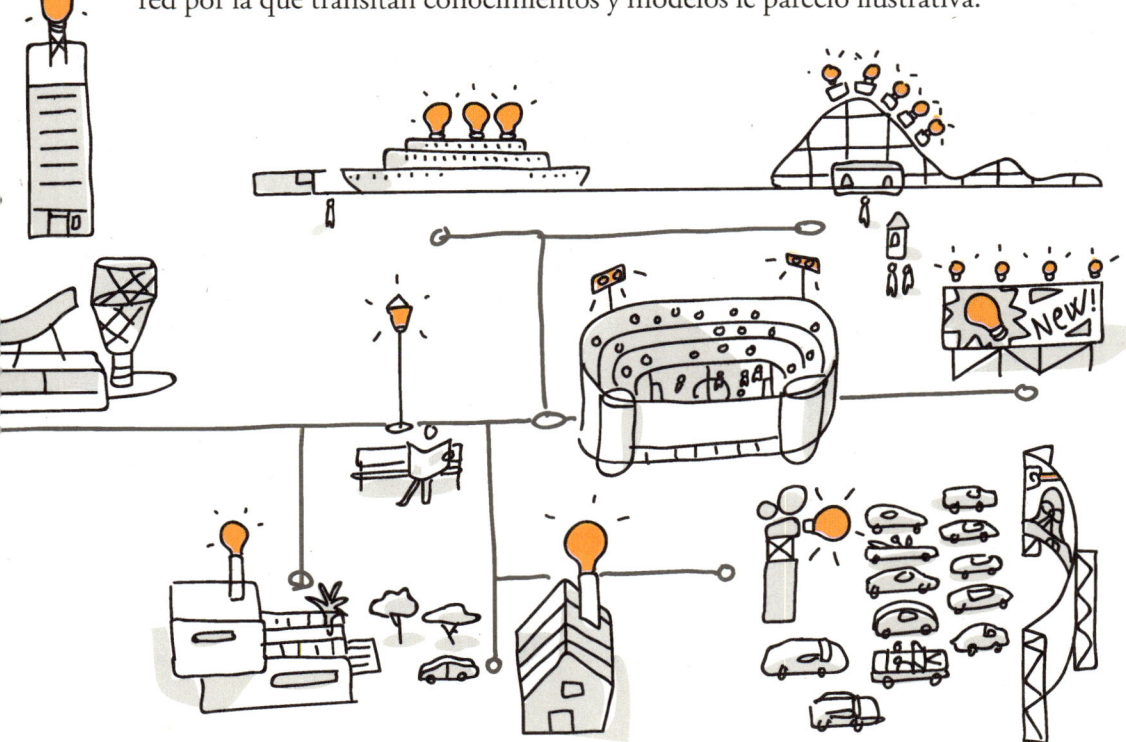

Tuit 25. **Poseemos una herramienta para producir infinitos**

Decidido a comprender cómo funciona la memoria, Usbek se dedicó a observar a los niños, que son genios del aprendizaje, cuando realizan, sin aparente esfuerzo, una hazaña educativa: aprender a hablar. A Usbek, aprender las lenguas humanas le ha costado un enorme esfuerzo, porque son muy eficientes, pero no están sometidas a normas rígidas. Lo adecuado sería que el pretérito del verbo «caber» fuera «cabió», y, sin embargo, es «cupo».

 En su cuaderno, en al apartado de preguntas, Usbek escribió: «¿Por qué los humanos no han creado idiomas perfectos, que no permitieran los malentendidos, las ambigüedades o los equívocos? Han elaborado lenguajes formalmente perfectos, como las matemáticas. ¿Por qué no han hecho lo mismo con los lenguajes naturales?».

Observó que los niños aprenden a hablar sin saber lo que hacen. Relacionan sus deseos con una vocalización, ¡y funciona! Aprenden a hablar como aprenden a utilizar el brazo para lanzar cosas. No saben qué músculos tienen que mover, pero su cerebro sí. No saben cómo tienen que utilizar los sonidos, pero su cerebro sí, una vez que lo ha aprendido. Un niño desarrolla muy pronto su afán comunicativo y expresivo. De repente señala algo con su dedito. Un acto que a Usbek le parece muy interesante. Poco más tarde, no solo señalará a un perro, sino que también dirá «guau guau». No ha pensado que quiere indicar a su mamá que un perro le ha llamado la atención; pasa de una intención comunicativa en marcha a emitir el sonido, lo mismo que hace cuando llora, o cuando pasa del deseo de moverse a dar los primeros pasos. Por fin, rompe a hablar. Es decir, aprende en pocos años lo que a la especie le costó más de un millón de años inventar. Esta aceleración supone un extraordinario salto evolutivo. Todo en el lenguaje es misterioso. Según los expertos, los bebés alemanes lloran desde su nacimiento copiando la melodía del alemán, y los franceses del francés (B. Mampe *et al.*, «Newborns' cry melody is shaped by their native language», *Current Biology*, 19 [23], 2009, pp. 1994-1997). Los niños aprenden un sistema que les permite pronunciar y comprender infinitas frases, tomando «infinitas» en su sentido literal. No se pueden agotar las posibilidades del lenguaje.

No hace falta una argumentación muy complicada para comprobar que la capacidad de pronunciar infinitas frases es real. Pondré un ejemplo sencillo de variaciones infinitas:

La tarde está lluviosa.
Acabo de escribir «La tarde está lluviosa».
Acabo de escribir «Acabo de escribir "La tarde está lluviosa"».
Acabo de escribir «Acabo de escribir "Acabo de escribir 'La tarde está lluviosa'"».

Así podríamos seguir hasta el infinito. Sin duda, no es un ejemplo de prosa muy brillante. Solo quería mostrar que el infinito está al alcance de nuestra capacidad lingüística.

Tuit 26. Usted no sabe lo que sabe. Ni yo tampoco

Que el niño aprenda a hablar significa que su inteligencia generadora aprende a formar frases, de la misma manera que forma «secuencias de movimientos» para alcanzar un objeto. Ha injertado esa habilidad expresiva en el mismo centro de actividad que gestiona su llanto o sus movimientos, en la fuente de sus ocurrencias. No es que primero piense: «Voy a decir que me he hecho daño» y luego busque las palabras y pronuncie en voz alta: «Me he hecho daño». Lo dice sin ser consciente de ninguna etapa preparatoria. Su memoria le ha proporcionado a Usbek un texto muy interesante de William James, un famoso psicólogo: «¿Nunca se ha preguntado el lector a sí mismo qué tipo de acto mental es su intención de decir una cosa, antes de haberla dicho? Las palabras acuden a nuestra mente. Desaparece la intención anticipatoria, la adivinación. Pero a medida que van llegando las palabras que la reemplazan, se las va acogiendo con los brazos abiertos y se las acepta si coinciden con aquella, y se las rechaza como equivocadas si no lo hacen». Algo parecido ocurre cuando alguien tiene algo en «la punta de la lengua». Sabe lo que es, porque lo reconocerá cuando aparezca, pero lo sabe de una forma peculiar: sin saberlo del todo. La memoria de Usbek vuelve a desplegar casos:

–Un personaje de E. M. Forster, el gran novelista, comenta: «¿Cómo voy a saber lo que pienso si todavía no me he oído decirlo?».

–Max Aub declaraba la misma paradoja: «Escribir es ir descubriendo lo que se quiere decir».

–Marguerite Duras dice lo que parece una *boutade*: «Escribir es intentar saber qué escribiríamos si escribiésemos».

–Para Juan Gelman, «el no saber sabiendo es la característica de la poesía. El poeta se sorprende de lo que escribe y se entera de lo que le pasa leyendo lo que escribe».

–El lenguaje emerge de los telares más profundos de la inteligencia humana. Algo parecido había dicho Juan Luis Vives siglos antes en su *De ratione dicendi*: el lenguaje (*sermo*) es la expresión del alma entera.

–Los lingüistas hablan de estructuras generativas.

Hay un fenómeno que intriga profundamente a Usbek. El lenguaje es una herramienta de comunicación con los demás. Hay en él dos protagonistas: el emisor del mensaje y el receptor del mensaje. Lo que le resulta difícil de explicar es que los sapiens estén continuamente hablándose a sí mismos. Por ejemplo, se hacen preguntas, lo que parece un comportamiento absurdo. Pedro se pregunta: «¿Dónde estuve ayer?». ¿Quién hace la pregunta? Pedro. ¿A quién hace la pregunta? A Pedro. ¿Quién sabe la respuesta? Pedro. ¿A quién se la dice? A Pedro. A pesar de las apariencias, esta circularidad redundante no es estúpida. Indica solo que el sapiens ha aprendido a gestionar su memoria haciéndole preguntas. Le ha admirado la perspicacia de un niño que dice a su mamá: «Tómame la lección, a ver si me la sé». No puede saber si su memoria la ha aprendido hasta que no la dice. Usbek escribe:

«Parece que el afán de duplicar las cosas que tiene el ser humano le lleva a duplicarse a sí mismo. Hay un Pedro que pregunta y un Pedro que sabe la respuesta.»

La memoria de Usbek comienza a funcionar, aportándole casos:

- Los griegos hablaban del *aner dipsijós*, del «hombre dividido» entre dos deseos opuestos.
- «Me arrastra una nueva fuerza extraña. El deseo y la razón están tirando hacia diferentes direcciones. Veo el camino correcto y lo apruebo, pero sigo el incorrecto» (Ovidio, *Metamorfosis*, libro VII).
- En todos los tiempos se ha hablado de «la voz de la conciencia», como de un yo interior que evalúa lo que piensa, siente o proyecta otro yo, también interior, y que se convierte, como decía Kant, en un extraño tribunal de justicia dentro de uno mismo.
- Sigmund Freud, a quien se le escapaban pocas cosas, interpretó este fenómeno como parte de una estructura del sujeto en tres niveles: «ello» (inconsciente), «superyó» (influencia social evaluadora) y «ego», que se encarga de sintetizar como puede ambas presencias.
- Platón comparaba el alma humana con un carro arrastrado por veloces caballos (las pasiones) y conducido por un esforzado auriga (la razón).

El repertorio proporcionado por la memoria convenció a Usbek de que su teoría de la inteligencia dual era robusta.

Tuit 27. No existe el individuo aislado, a no ser que esté muerto

El modelo se va perfilando. La sociedad domesticó al sapiens introduciendo en su cerebro las aplicaciones necesarias. La especie humana se autodomesticó a sí misma y uno de sus mecanismos fue, precisamente, fomentar en cada individuo la construcción de sistemas de autocontrol. En 1959, el genetista ruso Dmitri Beliáyev inició en Siberia un programa de domesticación de zorros. Siguió solo un criterio: seleccionó los zorros jóvenes que más se aproximaban a su mano tendida, una conducta audaz y no agresiva. Al cabo de pocos años, ese proceso de selección produjo cambios en los zorros, parecidos a los que se ven en los perros domésticos. Respondían con la misma presteza que estos a los gestos comunicativos humanos. Los genetistas se sorprendieron al ver que no hacían falta muchas generaciones para provocar esos cambios genéticos. Es muy probable que los humanos fueran autoseleccionándose, privilegiando ciertas ventajas competitivas: la rapidez en aprender, el autocontrol, el altruismo… Por mi cuenta, intento averiguar si Usbek tiene razón. Compruebo que esa fue ya la tesis de Franz Boas, un gran antropólogo, que ha ido creciendo en verosimilitud. Richard Wrangham, primatólogo de Harvard, ha postulado que también el hombre sufrió un proceso de domesticación que modificó su biología, pero por parte de sus propios congéneres. Lo mismo opina Michael Tomasello, un interesante arqueólogo de la inteligencia humana, quien supone que en algún momento de nuestra historia evolutiva se produjo en los seres humanos una suerte de autodomesticación y el grupo eliminó a los individuos muy agresivos y acaparadores. Habría tenido lugar así un paso inicial en la evolución humana, abarcando el aspecto emocional y motivacional. Nos alejó de los grandes simios y nos arrojó a un nuevo espacio adaptativo en el cual era posible que se desarrollaran habilidades complejas, útiles para actividades en colaboración y favorables a la intencionalidad compartida. Esto habría acelerado la evolución humana. Bernard Victorri ha propuesto una explicación para la desaparición de los neandertales, que tiene que ver con lo que estoy diciendo. Supone que se autodestruyeron porque vivieron en un momento crítico de la evolución en que la regulación espontánea de la violencia por rituales instintivos habría desaparecido, mientras que los mecanismos de regulación cultural todavía no se habrían desarrollado de manera suficiente.

Tuit 28. La inteligencia produce ideas e inventa sentimientos

Usbek piensa que tuvo que haber una evolución emocional tan poderosa como la creación intelectual. Los sapiens, como los animales sociales de los que procedían, estaban preparados para interactuar en pequeños grupos. Romper ese círculo y poder cooperar con grupos mayores es una de las grandes creaciones simbólicas de la humanidad. Este asunto preocupa a Usbek, que ha garabateado en su cuaderno un texto misterioso:

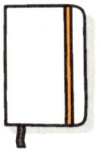

«Ha habido dos líneas evolutivas de la inteligencia humana. Una arranca de los conocimientos y otra arranca de las emociones. La cognitiva pasa por símbolos, conocimientos, técnicas, ciencia, inteligencia artificial... Y conduce a NOSOTROS. La emocional pasa por la cooperación, la competencia, la bondad, la maldad, las normas, la felicidad. Condujo a los HUMANOS.

»Tal vez los HUMANOS hayan sido más inteligentes.»

La memoria de Usbek le presenta un texto de Thomas Jefferson, en el que debaten la razón y el corazón.

«Cuando la naturaleza nos asignó la misma habitación, nos dio sobre ella un imperio dividido. A ti te asignó el campo de la ciencia, a mí el de la moral. Cuando el círculo ha de ser trazado, o la órbita de un cometa ha de ser rastreada; cuando ha de investigarse el arco de mayor fuerza o el sólido de menor resistencia, aborda el problema, es tuyo. La naturaleza no me ha dado esos conocimientos. De la misma manera, al negarte a ti sentimientos de simpatía, benevolencia, gratitud, justicia, amor o amistad, ella los ha excluido de tu control. Para ellos ha adaptado el mecanismo del corazón. La moral era demasiado esencial para la felicidad del hombre como para arriesgarla en las inciertas combinaciones de la cabeza. Ella estableció su base, por lo tanto, en el sentimiento, no en la ciencia» (T. Jefferson, *Letter to Maria Cosway* [1786], Penguin, Nueva York, 1975).

A continuación, le transcribe otro texto de Kant que le da la razón al sostener que una de las funciones de la educación, además de transmitir conocimientos y técnicas, ha sido ayudar a crear en cada individuo los sistemas de autocontrol.

«La disciplina –escribe Kant– convierte la animalidad en humanidad. Un animal lo es ya todo por su instinto; una razón extraña le ha provisto de todo. Pero el hombre necesita una razón propia; no tiene ningún instinto, y ha de construirse él mismo el plan de su conducta. Pero como no está en disposición de hacerlo inmediatamente, sino que viene inculto al mundo, se lo tienen que construir los demás. La disciplina impide que el hombre, llevado por sus impulsos animales, se aparte de su destino, de la humanidad. Tiene que sujetarle, por ejemplo, para que no se encamine, salvaje y aturdido, a los peligros. Así pues, la disciplina es meramente negativa, esto es, la acción por la que se borra del hombre la animalidad; la instrucción, por el contrario, es la parte positiva de la educación.»

Para mí ha sido una sorpresa que un visitante de una civilización tecnológicamente superior, cognitivamente más potente, piense que los sentimientos, que nosotros hemos opuesto siempre a la razón por desconfiar de ellos, abren el campo a la más profunda acción de la inteligencia, y que esta se concreta en algo que nos parece poco creativo a los humanos, como son las normas morales.

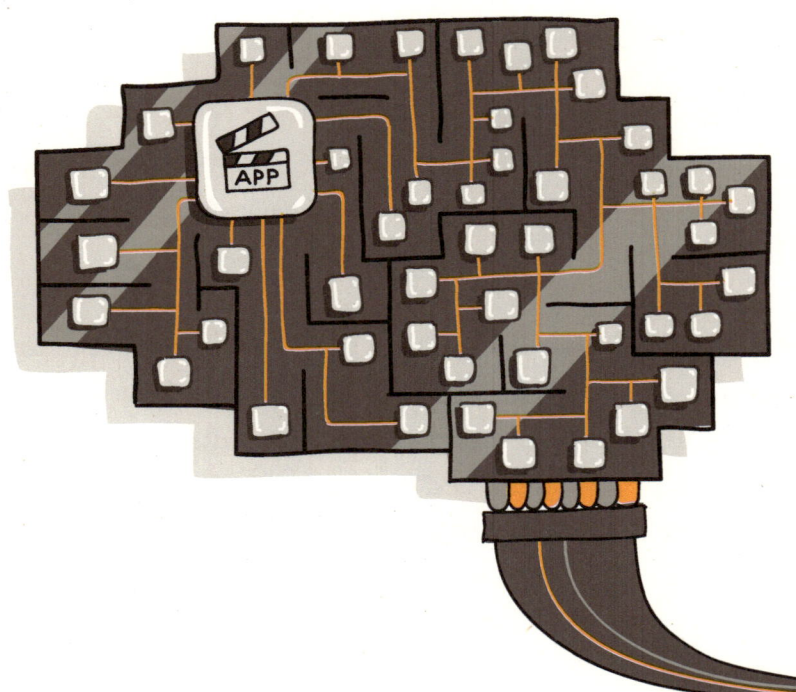

Tuit 29. ¿Por qué siempre está hablándose a sí mismo?

La memoria de Usbek maneja bien la técnica de los big data, y encuentra patrones y relaciones en masas gigantescas de informaciones heterogéneas. Relaciona «habla» y «autocontrol» y aparecen múltiples enlaces:

–El «habla interior» es el modo como el sujeto se relaciona consigo mismo y se da órdenes (Vygotsky y Luria).

–Todos los planes voluntarios tienen una formulación lingüística (Miller, Pribram, Galanter).

–El hemisferio lingüístico es el hemisferio consciente (Gazzaniga).

–Marie Heurtin aprendió a regular su conducta cuando fue capaz de manejar signos.

Haré zoom sobre la última noticia. Marie Heurtin fue una niña sordomuda y ciega. Sus padres pensaban que, además, era demente porque tenía ataques de furia incontrolados. Optaron por confinarla en un convento de monjas. Una de ellas, sor Marguerite, decidió intentar que aprendiera el lenguaje de signos de los sordomudos, pero no conseguía que entendiera lo que era un signo. Marie llevaba siempre con ella una navajita nacarada, muy suave al tacto. Cuando la monja se la quitó, la niña tuvo un ataque terrible de ira. Sor Marguerite pensó que sería importante que Marie comprendiera que si hacía un gesto con la mano, que representaría a la navajita, se la devolvería. Después de muchos intentos, la niña lo entendió. Si hacía un signo con la mano, recuperaba el objeto. Lo interesante es que, a partir de ese momento, Marie Heurtin aprendió el lenguaje de los signos con mucha rapidez, y, lo que es más sorprendente, aprendió también a controlar su conducta.

El modelo de la inteligencia humana está ya definido, el cerebro humano se ha convertido en una fantástica maquinaria de producir ocurrencias, porque la cultura le ha permitido instalar mediante el aprendizaje numerosas «aplicaciones», entre ellas una de nivel superior que controla todas las demás: la inteligencia ejecutiva.

mapa 4

Una Nueva FUERZA EVOLUTIVA

Sapiens = Biología + Memoria

En la evolución del Sapiens intervienen una serie de Mutaciones GENÉTICAS producidas por la SELECCIÓN Natural

Pero hay otro factor evolutivo, que enseña a los humanos a HABLAR y a AUTODOMESTICARSE, el APRENDIZAJE ➡ la

escuela es otro INVENTO fundamental del Sapiens Para transmitir su conocimiento sin tener que empezar de CERO

Todos los ANIMALES, tienen la capacidad de aprender, pero el Sapiens a los 6 años ya ha aprendido 13.000 palabras

El fundamento del aprendizaje está en la MEMORIA, la capacidad de CAMBIAR de acuerdo con la EXPERIENCIA

Aprenden sin esfuerzo y sin saber CÓMO

Lo que indica que ha aprendido a Gestionar su MEMORIA haciéndose PREGUNTAS

En pocos años aprenden lo que a la especie le costó más de 1 MILLÓN de años

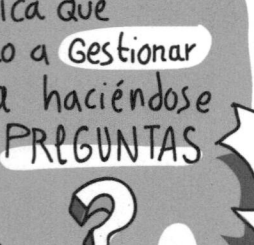

La Inteligencia GENERADORA ha injertado la habilidad de formar frases en la fuente de sus ocurrencias

Pero este medio, que le sirve para COMUNICARSE, tiene una Peculiaridad: el Sapiens se HABLA a sí MISMO

La **FELICIDAD**
EMOCIONAL
- Cooperación
- Bondad
- Competencia
- Normas

Ha habido dos **líneas evolutivas** de la inteligencia HUMANA

la del **CONOCIMIENTO**
- Ciencia
- tecnología
- IA

Este es el **MODELO** de la Inteligencia HUMANA: una fantástica máquina de Producir ocurrencias, a la que la Cultura ha permitido instalar Aplicaciones.

Más una de nivel **SUPERIOR**: la inteligencia **EJECUTIVA**

APP

La **EVOLUCIÓN HUMANA** habría sido acelerada por una **AUTOSELECCIÓN** que favorecía las **EMOCIONES** y las habilidades **COLABORATIVAS**

La Especie se **AUTODOMESTICÓ** introduciendo en su cerebro las **«APLICACIONES»** necesarias, y este proceso modificó su biología

¿Cómo pudo ocurrir que el cerebro del Sapiens se controlase conscientemente... es algo también aprendido ?

Cultura

La inteligencia individual es una **ABSTRACCIÓN** porque el cerebro se **DESARROLLA** mediante la **interacción** con los demás

88

Resulta que hay una inteligencia **SUPERIOR** del individuo humano, la inteligencia **SOCIAL** también llamada **CULTURA**

5

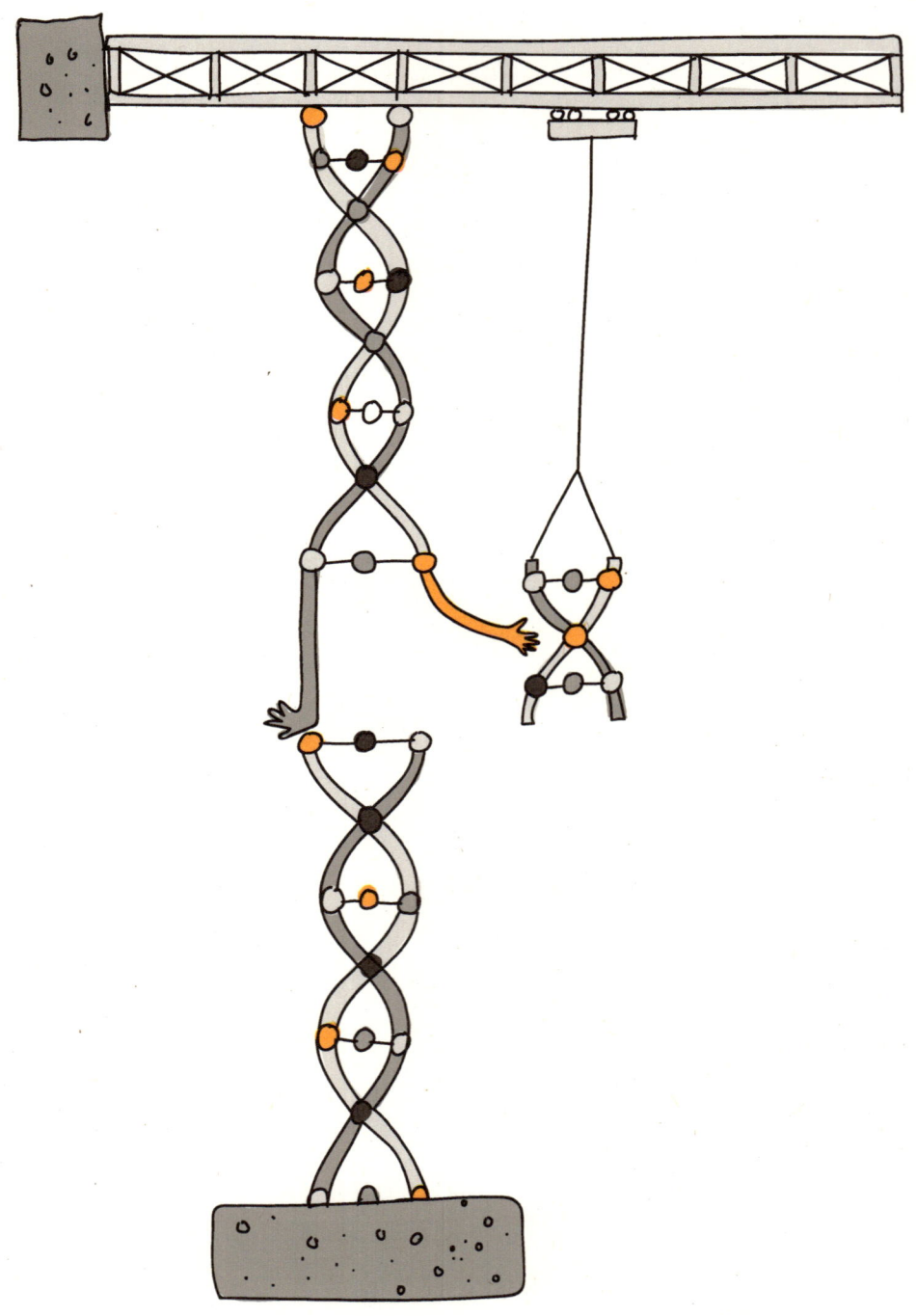

La co-evolución

Ya han aparecido los principales protagonistas de la historia. El sapiens y la cultura, que es la obra de la inteligencia social. Van a interactuar como un bucle. Cada avance individual repercutirá en la sociedad, cada avance social repercutirá en el individuo. Es una creación mutua. Un sistema de vasos comunicantes. Esto, piensa Usbek, introduce la historia en el corazón del ser humano. A partir de ese momento, evolución psicológica y evolución cultural van a ir juntas, y esa perspectiva excita la pasión exploradora de Usbek. Co-evolución es el proceso por el que el comportamiento de los seres humanos, genéticamente condicionado, produce creaciones culturales que, a su vez, influyen en la expresión genética.

No es que los sapiens y la cultura hayan evolucionado coexistiendo juntos, lo han hecho interactuando. No es que, por un lado, los sapiens hayan desarrollado un cerebro más grande y, por otro, su cultura se haya hecho más compleja, sino que se ha producido una espiral ascendente. El aumento del cerebro produjo una cultura con más aplicaciones, que se instalaron en su cerebro y le permitió crear más aplicaciones todavía, incrementando así su rendimiento. Naturaleza y cultura son la trama y la urdimbre que han tejido el tapiz humano.

 Nuestros antepasados adultos eran genéticamente intolerantes a la lactosa, es decir, no podían tomar leche, pero cuando la ganadería se generalizó, se produjo una mutación que les permitió aprovechar una fuente nutritiva rica y segura. Otro ejemplo es el lenguaje. Los bebés nacen preparados para aprender a hablar, y, sin embargo, son vástagos de una especie que en su origen era muda. Su cerebro ha sido «programado» lingüísticamente a través de milenios. El pensamiento abstracto –descontextualizado– es también una creación histórica. Los sistemas de autocontrol personal han sido promovidos culturalmente, mediante el proceso de autodomesticación, y con ellos, la idea de libertad y la de autonomía personal.

La memoria de Usbek ha encontrado estas ideas en Daniel Dennett, un interesante filósofo estadounidense, que las ha expuesto en *La evolución de la libertad*. Y también en Steven Pinker, que siguiendo el rastro de Norbert Elias, dedicó más de mil páginas a mostrar que la especie humana se ha hecho menos violenta a lo largo de los milenios. Usbek está en clara ventaja, porque su memoria ha podido leer ese brillante mamotreto en un par de segundos.

La co-evolución es la historia del despliegue y de la autoconstrucción de nuestra inteligencia. Los etólogos dirían que la cultura es nuestro «nicho vital» y que ese nicho, creado por el hombre, ha ido seleccionando y fomentando posibilidades genéticas, con lo que prolonga la evolución genética, por otros medios. Parece algo raro que los humanos se cambien a sí mismos cambiando previamente el entorno en que viven, y, sin embargo, llevamos a cabo sin cesar algo parecido. Por ejemplo, cuando para seguir una dieta lo primero que hacemos es vaciar el frigorífico y así eliminar tentaciones. En la *Odisea* se cuenta la historia de Ulises que para no dejarse fascinar por el canto de las sirenas se hace atar a un mástil. Es un modo de actuar voluntariamente utilizando un procedimiento que le impide actuar con libertad.

 La memoria de Usbek comunica datos que se me antojan muy lejanos para el tema que estamos tratando:

—Colocar a una rata durante tres horas en un entorno enriquecido origina un aumento de la expresión de al menos sesenta genes distintos, genes que incrementan la replicación del ADN, guían el crecimiento de las sinapsis y reducen la muerte celular.

—La mariposa *Bicyclus anynana* es de colores si nace en la estación lluviosa y gris si nace en la estación seca.

—El sexo de los peces *Semicossyphus pulcher* depende de que esté o no presente un macho dominante. Si lo hay, se desarrollan como hembras.

—El estudio de los peces cíclidos sugiere que un cambio en el estatus social (de sometido a dominante) está ligado a cambios en los niveles de expresión de al menos cincuenta y nueve genes distintos.

—Activar enlace con Skinner.

No sé si estos datos pueden aplicarse a los sapiens, o han sido una salida irónica de la memoria de Usbek, incluida la enigmática referencia a Skinner, pero lo cierto es que muestran la influencia del entorno en la expresión genética. Si enriquezco el entorno, seco el ambiente, elimino los machos dominantes o elevo el nivel social, al menos puedo producir cambios genéticos en ratas, mariposas y peces. Algo es algo.

 La memoria de Usbek, que ya parece anticipar el desarrollo de esta investigación, le indica que esta evolución es siempre precaria, por lo que sería bueno que los humanos vivieran alerta. Desde la neurología, N. Doidge ha escrito: «La civilización es un conjunto de técnicas mediante las cuales el cerebro del cazador-recolector aprende a reorganizarse a sí mismo. Y este frágil equilibrio entre funciones cerebrales "altas" y "bajas" se rompe cuando estallan guerras fratricidas en las que salen a la luz los instintos más brutales y primitivos, y el robo, la violencia y el asesinato se convierten en

algo cotidiano. Puesto que el cerebro es plástico siempre puede hacer que funciones que ha unido se vuelvan a separar, la regresión a la barbarie siempre es posible, y la civilización será siempre algo frágil y vulnerable que debe enseñarse con cada generación, como si de algo nuevo se tratara» (*El cerebro se cambia a sí mismo*, Aguilar, Madrid, 2008, p. 295).

Parece evidente que la evolución de la inteligencia puede dirigirse cambiando sus posibilidades de actuar, y que estas las proporciona en gran parte el entorno. A partir de una naturaleza biológica común, los humanos en cada situación histórica desarrollan posibilidades distintas, tienen diferentes deseos y albergan expectativas muy alejadas. Aparece de nuevo el término mágico: «posibilidad». Cada situación, cada momento histórico, proporciona al sujeto humano nuevas posibilidades y puede cerrarle otras.

Usbek ha anotado: «En este momento, los sapiens contemporáneos reciben las grandes posibilidades proporcionadas por los poderosos sistemas de inteligencia artificial. ¿Sabrán distinguir las posibilidades que les abren y las posibilidades que les cierran?».

Tuit 31. ¿Por qué Napoleón consultaba tanto un libro?

La evolución del sapiens, piensa Usbek, desarrolla sus capacidades cognitivas y sus capacidades emocionales. Estas son las que le interesan más, y ahora comprendo que debe ser así, puesto que está convencido de que el secreto de nuestra especie está en la fuente de nuestros deseos y emociones, que son los desencadenantes de la acción. Los sistemas cognitivos están a su servicio. De tanto estudiarlos, Usbek se ha convertido en un experto en afectividad. Los deseos tienen dos orígenes: son la conciencia de una necesidad o son la expectativa de un premio. Esto explica la anterior referencia a Skinner. Su idea central es que el entorno esculpe al sujeto, y si cambio aquel, cambio a este. Añadió que el entorno es fundamentalmente un conjunto de premios y castigos. Las conductas premiadas tienden a repetirse y las castigadas, a inhibirse.

Por una de esas reacciones que tardo en comprender, Usbek se ha interesado muchísimo por los premios. Tal vez le suceda lo mismo que a Napoleón, que, según su secretario, el barón Fain, dedicaba mucho tiempo a consultar un libro donde se reseñaban las recompensas que podía conceder. Revisando los cuadernos de Usbek, puedo rehacer su pensamiento. Los deseos buscan el premio, y la diferencia en los premios puede introducir una especificación distinta de los deseos. Un ejemplo es el deseo sexual. Entre los humanos, el instinto que lleva al apareamiento se ha diversificado en diferentes orientaciones o actividades: homosexuales, fetichistas, sado-masoquistas, etc. Los premios son diversos, pero hacen referencia a un deseo básico, modificado o ampliado por la acción simbolizadora de la inteligencia. Esta expansión es lo que le intriga a Usbek. El sapiens es un ser lujoso, lo que quiere decir que no se satisface con lo necesario, sino que desea también lo superfluo. La historia de la felicidad es por ello la historia de las necesidades que han sentido los sapiens y también la historia de lo que han considerado premios. Para los cortesanos de Luis XIV era un gran premio asistir al *lever du roi*, al despertar regio. Solo los elegidos tenían el privilegio de presenciar cómo el rey era vestido por los encargados de hacerlo. Ser privado de ese honor podía acarrear la depresión e incluso la muerte del cortesano degradado.

 La memoria ha aducido un interesante testimonio: «Según Tomás de Aquino, los deseos que nacen de las necesidades humanas son finitos. Los que nacen de la inteligencia humana son infinitos y, por lo tanto, no se pueden satisfacer del todo».

Usbek ha hecho una rápida cabalgada por la historia de los deseos, intentando averiguar si hay algunos comunes a todos los sapiens. Los dos básicos son evitar el dolor y buscar el placer. Este se divide en tres ramas principales: placeres físicos, placeres provocados por la vinculación social y placeres causados por el aumento de las propias posibilidades. Esas ramas vuelven a ramificarse, produciendo el gran árbol de los deseos.

Tuit 32. No sé lo que siento, ni por qué siento lo que siento

Usbek ha preguntado a los expertos si hay emociones básicas. Le han contestado que serían aquellas que comparten con sus más próximos congéneres animales. Los primates sienten también una sensación básica de dolor y placer, que les lleva a conductas de huida o de acercamiento. Sobre ellas aparecen el miedo, la furia, el asco, un sentimiento de apego, la curiosidad y el asombro. A partir de ahí, las distintas culturas han ido creando variaciones sentimentales. Algunas, sorprendentes. Los tangú de Nueva Guinea se negaron a jugar al fútbol si no se cambiaban antes las reglas. A los tangú no les gusta que haya ganadores y perdedores, por lo que hubo que cambiar la finalidad del partido. Lo importante era empatar y jugaban hasta haberlo conseguido.

La cantidad de testimonios recogidos por la memoria de Usbek es impresionante. La palabra *amae* designa una emoción específicamente japonesa; más aún, es la esencia de la psicología japonesa y la clave para comprender la estructura de su personalidad. *Amae* es un sustantivo derivado de *amaeru*, un verbo intransitivo que significa «depender y contar con la benevolencia de otro, sentir desamparo y deseo de ser amado». Es obvio que el prototipo de este sentimiento es la relación del niño con su madre. Lo que hizo la cultura japonesa fue generalizarlo para conseguir la armonía social. Un experto japonés, Takeo Murae, comenta: «Al contrario que en Occidente, no se anima a los niños japoneses a enfatizar la independencia y la autonomía individuales. Son educados en una cultura de la interdependencia, orientada hacia las relaciones sociales. El ego occidental es individualista y fomenta una personalidad autónoma, dominante, dura, competitiva y agresiva. Las relaciones favorecidas por el ego occidental son contractuales, las favorecidas por la cultura *amae* son incondicionales». Esta actitud de dependencia absoluta, por ejemplo, al emperador, produjo sin embargo que el pueblo japonés se lanzara ciegamente a la Segunda Guerra Mundial.

Durante mucho tiempo se creyó que los esquimales no se enfadaban nunca. Más tarde se comprobó que los bebés se enfadan como todos, pero que la presión para evitar los enfrentamientos en un tipo de vida en que la cooperación es imprescindible, consiguió que no se manifestara en la edad adulta. Java tiene su propia flora sentimental. Allí se dice llanamente: «Ser humano es ser javanés», es decir, haber adquirido un estilo de vida. Los niños pequeños, los locos o los inmorales son considerados *adurung*, «aún no javaneses». Un adulto capaz de obrar respetando un sistema de etiqueta muy sofisticado, dotado de profundo sentido estético para la música, la danza, el drama, los diseños textiles, atento a las sutiles solicitaciones de lo divino y que haya adquirido el *sungkan*, un sentimiento de educado respeto, es *sampundjawa*, «ya javanés».

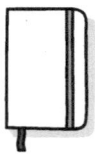 En letras muy grandes, lo que debe de significar que se trata de un tema importante para él, Usbek ha escrito: «De la misma manera que la mariposa *Bicyclus anynana* puede ser coloreada o gris dependiendo del ambiente, los sentimientos de los sapiens pueden ser sociales o egocéntricos dependiendo del entorno cultural».

Sospecho que Usbek quiere conducirme a algún sitio, y juega conmigo como quien tiene un mapa puede jugar con quien no lo tiene. He vuelto a comprobar si está sesgando la información por algún interés oculto que desconozco. Busco el testimonio de un antropólogo al que respeto mucho, Clifford Geertz, y encuentro el siguiente texto:

«La concepción occidental de la persona como un único universo limitado, más o menos integrado, motivacional y cognitivo, organizada en un todo distinto y establecido, separado de los demás es, por muy evidente que nos parezca, una idea bastante peculiar dentro del contexto de la cultura del mundo.»

La memoria aporta un dato más inquietante. Algunos investigadores acusan a toda la psicología occidental de estar sesgada porque los experimentos y pruebas en que se basan se realizan siempre en un subconjunto muy pequeño de la población humana: personas de culturas que son occidentales, educadas, industrializadas, ricas y democráticas. En inglés forman el acrónimo WEIRD. Tras revisar muchos estudios han concluido que cuanto más WEIRD es un sapiens, más propenso es a ver un mundo de objetos separados en lugar de un mundo de relaciones (I. Heinrich *et al.*, «The Weirdest People in the World?», *Behavioral and Brain Sciences*, 33, 2010, pp. 61-83).

Los pensadores WEIRD tienden a morales individualistas como las de Kant o Stuart Mill, y los otros a morales más parecidas a la propuesta por Confucio.

Tuit 33. **También el corazón tiene su historia**

Usbek proyecta estudiar cómo los deseos y las emociones han ido evolucionando a lo largo de la historia, influyendo en el pensamiento y las creencias, y siendo influidos por ellos. Por ejemplo, el miedo es una emoción universal, pero que se ha manifestado de distintas maneras en las diferentes culturas. La Edad Media fue en Europa una época de terrores: a la enfermedad, al demonio, a la muerte, a los espíritus, a la condenación.

Pero antes de comenzar el recorrido Usbek quiso estudiar un deseo poderosísimo que le parecía claramente humano: el afán de ampliar las posibilidades de acción, la pasión por el poder, el ansia de ir más allá de los límites, que ha llevado a los sapiens a empeñarse en dominar la naturaleza, incluida la propia naturaleza, o en dominar a los demás. El afán de poder es uno de esos deseos que no tienen una explicación. Para quien lo siente es placentero en sí mismo, y preguntarse por su finalidad es como preguntar a alguien: ¿y a usted por qué le gusta el placer? La memoria de Usbek le informa de que ha sido uno de los grandes motores de la historia humana. La creatividad, la ambición, el ascetismo, la búsqueda de la ciencia, el afán de dominio, la política, la economía y la religión están movilizados por ese afán de ampliar las propias posibilidades. Es un deseo expansivo, que no se sacia nunca. Plutarco cuenta que un día Pirro hacía proyectos de conquista. «Primero, vamos a someter Grecia», decía. «¿Y después?», le preguntó Cineas. «Pasaremos a Asia, conquistaremos Asia Menor, Arabia.» «¿Y después?» «Iremos hasta las Indias.» «¿Y después de las Indias?» «¡Ah! —dijo Pirro—, descansaré.» «Entonces ¿por qué no descansar inmediatamente?», le preguntó Cineas.

Dos mil quinientos años después se cuenta en las escuelas de negocios una anécdota parecida. Julián era un pescador feliz que vivía en un pueblecito del Caribe. Era el mejor conocedor de los bancos de langostinos y todas las mañanas salía, pescaba unos cuantos, iba al mercado a venderlos, luego marchaba a casa, jugaba con sus hijos, se sentaba al sol y tocaba la guitarra. Por la tarde, se reunía con sus amigos, bromeaban y jugaban a las cartas. Un día, un veraneante experto en *management* que supo de su habilidad, vino a proponer a Julián un plan de negocio. «Usted tendría que pescar más langostinos, pedir un préstamo y comprar un par de barcas más. Esa producción debería comercializarla en Miami, donde le pagarían mucho más. Allí se haría con el mercado de langostinos, y con los beneficios podrá enviar barcos a otros caladeros del mundo. Cuando la empresa sea poderosa, podrá lanzarla en la Bolsa y ser un hombre riquísimo.» Julián le había escuchado en silencio, pero en ese momento le preguntó: «Y entonces ¿qué haré?». El ejecutivo le dijo: «¡Pues lo que usted quiera! Vivir aquí, salir a pescar un rato, disfrutar de su familia, divertirse con los amigos…». «Pero eso ya lo tengo, compadre.»

A Usbek le interesan estos ejemplos, porque Pirro y el ejecutivo son representantes de un gran deseo humano. Ampliar las posibilidades. Sentir la propia capacidad. Ampliar el yo. Para muchas personas es valioso en sí mismo, el contenido más claro de su felicidad. Usbek recuerda la frase con la que un famoso economista del siglo XX —Alan Greenspan— describió la economía contemporánea: «exuberancia irracional». Pensó que podía aplicarlo a toda actividad humana.

Tuit 34. El animal busca lo fácil. El sapiens, lo difícil

Es posible que un antecedente de este afán de poder se dé ya en las jerarquías de los animales grupales. El macho alfa disfruta de sus privilegios. Pero el sapiens lo ha ampliado y sofisticado hasta unos extremos sorprendentes. El yogui se sacrifica durante años para alcanzar la libertad espiritual. El atleta se entrena para conseguir batir un récord. Nuestros lejanos antepasados urdieron proyectos desmesurados. En Turquía se han encontrado columnas monumentales decoradas con grabados espectaculares. Cada columna de piedra pesaba hasta siete toneladas y alcanzaba cinco metros de altura. Fueron construidas hace 9.500 años. Hace 6.000 años aparecen en Bretaña, en Irlanda y en otros lugares. El gran menhir de Bretaña pesa 348 toneladas. ¿Qué deseo impulsó semejante proeza? Tal vez el deseo de favorecer la unidad y la cooperación, tal vez tuvieron una función religiosa, pero Usbek sospecha que en el fondo de esa esforzada actividad pulsaba la pasión por ampliar el propio poder, y que esta era una de las grandes fuerzas de la evolución humana. «Cuando el ser humano comprueba su poder, se alegra», escribió Spinoza, uno de los filósofos humanos preferidos de Usbek. Muchos fenómenos lo corroboraban: hemos visto a los humanos movidos por el lujo, por el afán de tener más, de ser más, de conocer más, de poder más, de aspirar a más. Su símbolo podría ser el lema olímpico: *Citius, altius, fortius* («Más rápido, más alto, más fuerte»). El alpinista es la imagen de esta incomprensible pasión humana. Quiere alcanzar la cima más alta. Lo consigue. Ahora, por la ruta más difícil. Lo consigue. Ahora, a por las once cumbres con más de ocho mil metros. Ahora, sin oxígeno auxiliar. Ahora, en escalada libre. Y los niños, en todo el mundo, piden: «Mamá, mira lo que hago». Los teólogos cristianos interpretaron esta insaciabilidad de la inteligencia humana como un síntoma de que solo la infinitud de Dios podía satisfacer sus aspiraciones. El historiador Harari, después de contar que el ser humano ha vencido a sus tres enemigos ancestrales —el hambre, la peste y la guerra—, piensa que ahora tiene que buscar en qué proyecto aplicar su poder, y señala tres: la inmortalidad, la felicidad y convertirse en dioses.

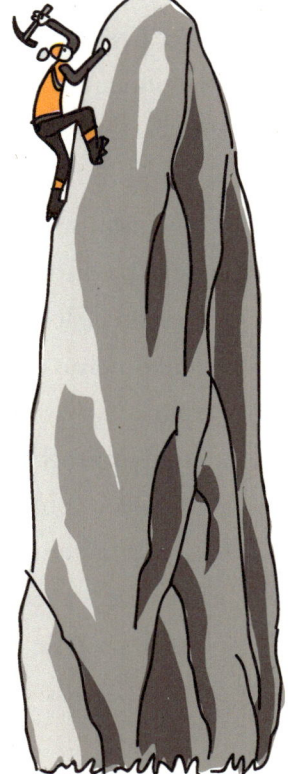

Este deseo expansivo va a lanzar al sapiens —al menos a los sapiens más representativos de la especie— a un esfuerzo por «superarse». Esta es una palabra que a Usbek le resulta chocante. Superar es adelantar a otro, vencerle en una competición. Lo interesante es el uso reflexivo. Indica que es uno mismo con quien se compite, a quien se adelanta. A mí también me ha intrigado esa expresión, que se repite una y otra vez según le informa la memoria a Usbek:

–El piadoso san Buenaventura advirtió que cualquiera fracasaría «*Nisi supra seipsum ascendat*» (si no es capaz de ascender sobre sí mismo).

–Nietzsche hace decir a Zaratustra: «Ahora me veo a mí mismo debajo de mí».

–Jean Wahl, venerable profesor en las venerables aulas de la Sorbona, dijo: «Siempre estamos corriendo delante de nosotros mismos».

–Un compañero de Saint-Exupéry que tras un accidente atraviesa los Andes en condiciones extremas, confiesa orgulloso: «Lo que yo he hecho no lo hubiera hecho ningún animal».

–«El animal busca lo fácil, el hombre lo arduo», escribió Tomás de Aquino.

Hay un impulso irracional en el fondo de muchas conductas de superación. En 1914, cuando buscaba tripulación para su viaje al Polo Sur, Ernest Shackleton publicó el siguiente anuncio: «Se buscan hombres para viaje peligroso. Salario bajo, frío penetrante, largos meses en la más completa oscuridad, peligro constante y escasas posibilidades de regresar con vida. Honor y reconocimiento en caso de éxito». Al parecer contestaron 5.000 personas, de las que finalmente se escogieron los 27 tripulantes del *Endurance*. Resulta asombroso que los pueblos lapitas de Oceanía, lejanos antepasados nuestros, conquistaran el Pacífico. Las islas son pequeñas y están separadas entre sí por una distancia que impide que desde una de ellas se divisen las demás. Ninguno de los navegantes sabía si había tierra más allá del horizonte, pero emprendieron el viaje, tal vez movidos por lo que Tucídides llamó «eros de zarpar».

Compruebo que los antropólogos se sienten desconcertados ante este poderoso impulso. Marcel Otte, un especialista en prehistoria, piensa que lo que caracteriza a la especie humana es ese afán prometeico de superar la naturaleza y aumentar el propio poder: «La clave del destino humano es su perpetua sed de superar las restricciones, que proceden de la biología, de otras sociedades, del propio pasado». Usbek se percata de que ese afán dominador, insaciable, ha inquietado también a muchos sapiens. Los pensadores orientales –en especial budistas y confucianos– planteaban que había que limitar los deseos. Lo mismo opinaban los antiguos griegos, que consideraban que la *hybris*, la soberbia, conducía a la locura. Los filósofos estoicos recomendaban disminuir los deseos y creían que tener demasiados, lo que llamaban *pleixonia*, producía insatisfacción o injusticia. Por su parte, el cristianismo también criticaba la soberbia y la ambición, y proclamaba la humildad. Shakespeare, buen conocedor de los laberintos del poder, escribió: «Es hermoso tener la fuerza de un gigante, pero es terrible usarla como un gigante». Usbek se preguntó de qué otra manera podría un gigante usar su poder.

La fascinación por el poder ha ido siempre acompañada por el miedo al poderoso. A Usbek le interesa apasionadamente la evolución de afectos compensatorios, por ejemplo, la idea de justicia, que ya hemos visto aparecer. O los sentimientos de compasión, que son una exclusiva humana. Y se ha comprometido a seguir estudiándolos.

Tuit 35. Nuestra historia muestra el afán de la materia por vencerse a sí misma

Esto es lo que Usbek llama «espíritu»: la capacidad del sapiens, un animal muy inteligente, para inventar posibilidades que parecen más allá de su naturaleza. Su memoria activa redes de recuerdos. Caius Julius Lacer mandó grabar en el puente de Alcántara: *Ars ubi materia vincitur ipsa sua* («Es el arte por el que la materia se vence a sí misma»). Se refería a la arquitectura, pero Usbek lo aplica a la inteligencia: es el poder que tiene la materia neuronal de superarse a sí misma, creando irrealidades, símbolos, historias, mitos, dioses… La inteligencia es la actividad que convierte la materia en espíritu. Por eso parece mágica. Junto a los placeres físicos, busca los placeres espirituales.

A Usbek no le cabe duda de que esta expansión depende de la capacidad simbólica del sapiens, de su habilidad para guiar la acción real mediante una irrealidad: la anticipación, lo imaginado, lo soñado, el proyecto… Con él se seduce a sí mismo desde lejos, engarza con sus deseos, con sus necesidades, con sus expectativas imprecisas a veces. Se pone en marcha.

Usbek, que da mucha importancia a todas las conductas humanas que se repiten a lo largo del tiempo, considera significativa la insistencia del sapiens en crear utopías, en inventar formas sociales de felicidad inexistentes, pero que encandilan la esperanza y movilizan el ánimo. Esa presencia de la plenitud lejana –con frecuencia poco definida– explica la frecuente decepción del humano que acaba de alcanzar el fin ardientemente deseado: ¿y después? No se puede colmar a un hombre, no es un vaso que se deja llenar con docilidad; su condición es superar todo lo dado; no bien alcanzada, su plenitud cae en el pasado, dejando abierto «ese hueco siempre futuro» del que habla el poeta Paul Valéry. Puesto que el hombre es proyecto, su felicidad como sus placeres no pueden ser sino proyectos. El hombre que ha ganado una fortuna sueña enseguida con ganar otra. «Pascal lo ha dicho con justeza: no es la liebre lo que interesa al cazador, sino la caza» (Simone de Beauvoir). Y como el proyecto es siempre una irrealidad, al sapiens le mueven irrealidades, ficciones.

Hablar de co-evolución le parece a Usbek una simplificación irritante. Quiere asistir al entrecruzamiento de psicología y cultura, a la hibridación de la inteligencia individual y de la inteligencia social. Quiere recorrer la historia para ver cómo la inteligencia del animal espiritual se ha ido ampliando, modulando, equivocando, corrigiendo sus equivocaciones. Quiere penetrar en la historia de la búsqueda de la felicidad. La especie ya está biológicamente consolidada, y ahora quiere seguir su evolución histórica. Puedo adelantar que ha identificado tres grandes cambios, a los que ha llamado «axiales», porque son como si fueran ejes sobre los que gira la historia, y que presentaron gigantescas posibilidades nuevas al sapiens: el paso de la vida nómada a la ciudad, la aparición de las grandes religiones, la era de la razón.

Mapa 5

5 La CO-EVOLUCIÓN

SAPIENS & CULTURA

Cada avance individual Repercute en la **SOCIEDAD** y cada Avance Social Repercute en el **INDIVIDUO**

Los antepasados del Sapiens eran **INTOLERANTES** a la **LACTOSA**

...Que influye en la EXPRESIÓN GENÉTICA.

Los **GENES** condicionan el COMPORTAMIENTO del **SAPIENS**

Que influyen en el **ENTORNO**

Que Producen Creaciones **CULTURALES**

ARS VBI MATERIA

PLEIXONIA

La **CIVILIZACIÓN** es el conjunto de técnicas con las que el Cazador-Recolector aprende a organizarse

La Cultura es nuestro **NICHO VITAL**

El aumento del Cerebro Produjo una Cultura con más **«Aplicaciones»**

...Que le Permitió Crear **NUEVAS**, aumentando así su rendimiento

Pero la Civilización es **FRÁGIL** y debe enseñarse con cada Generación

Los Sapiens contemporáneos reciben grandes **POSIBILIDADES** de la INTELIGENCIA ARTIFICIAL, ¿Sabrán diferenciar las **BUENAS** de las **MALAS**?

- Físicos
- de vinculación Social
- del Aumento de sus
POSIBILIDADES

La HISTORIA de la FELICIDAD es la de las NECESIDADES que han Sentido los Sapiens y lo que han Considerado PREMIOS

La Pasión Por el PODER, el ansia de ir más allá de sus LÍMITES... es el gran MOTOR de la historia humana

Sentir la Propia capacidad es Valioso —en sí— mismo

Consciencia de una NECESIDAD

VINCITVR IPSA SVA

Expectativa de un PREMIO que tiende a repetirse, o a inhibirse en el Caso de los CASTIGOS

el secreto de nuestra Especie está en la fuente de nuestros DESEOS Y EMOCIONES que son los desencadenantes de la ACCIÓN

Hay emociones BÁSICAS Compartidas con los PRIMATES

— macho — — alfa —

El Ser Humano las ha Sofisticado hasta el INFINITOO

... y se lanta a un esfuerzo Por SUPERARSE a sí mismo

Las Culturas han creado diferentes Premios Para las MISMAS Emociones

En Japón se fomenta la interdependencia y las Relaciones Sociales: «AMAe» 甘え

El EGO occidental es individualista, Competitivo y AGRESIVO

los GRIEGOS consideraban que la HYBRIS conducía a la LOCURA

¿Y después?...

X1

Y los BUDISTAS hablan de LIMITAR los DESEOS

A Estación Seca
B estación LLUVIOSA

Los Sentimientos del Sapiens Son DIFerentes, igual que el color de la MARIPOSA Bicyclus, que depende del Ambiente

1.ª ERA AXIAL

El cazador se vuelve ciudadano

Tuit 36. La exuberancia irracional de la inteligencia generadora nos impulsa a volar

Hace unos 90.000 años, nuestros antepasados abandonaron África y colonizaron el planeta entero. Les movía tal vez el «anhelo del reno salvaje», como dicen los siberianos. Ya estaban constituidos como especie nueva, y se encontraron con una especie anterior, menos avanzada: los neandertales. Convivieron durante varios miles de años, se cruzaron entre ellos, y los neandertales se extinguieron, dejando sin embargo en herencia un 5 % del genoma humano. A partir de la información que proporcionan los antropólogos y arqueólogos, Usbek quiere investigar más detalladamente la historia de la inteligencia del sapiens. Su hipótesis de trabajo es que los sapiens primitivos estaban a merced de su inteligencia generadora, es decir, dirigidos por sus programas innatos y aprendidos. Gracias a ellos y a su notable capacidad de asociar y de imitar, producen sin parar representaciones fidedignas o fantásticas de la realidad y posiblemente no sabrían separar muy bien lo real de lo irreal. A los niños les ocurre lo mismo. La frontera entre una pesadilla y la realidad es muy tenue. Algunas de esas experiencias podrían incluirse en lo que ahora se denominan «estados de conciencia alterados». Según Usbek, el nacimiento de lo que después se llamará «religión» surge en alguna poderosa ocurrencia de la inteligencia generadora. Tal vez producida por el uso de drogas alucinógenas, privación sensorial, hambre, dolor, cadencias sonoras, baile rítmico, concentración intensa, ciertos estados patológicos, etc. Ha revisado con atención los estudios sobre las antiquísimas experiencias chamánicas, que son bastante parecidas en sitios muy alejados, lo que hace pensar que pueden ser de carácter endógeno. Usbek se siente impresionado al entrar en una imaginería que, según los expertos, es universal y desconcertante.

 Mircea Eliade escribe: «Por todo el mundo se atribuye a chamanes y hechiceros el poder de volar, de recorrer distancias inmensas en un instante». Joan Halifax añade: «El chamán-pájaro viaja a los cielos, al pozo en el confín del mundo, a las profundidades del Inframundo, los fondos de lagos y mares llenos de espíritus».

La cosmología ancestral de muchas culturas inventa un mundo estratificado. El mundo celeste, la tierra, el mundo subterráneo, donde habitan seres maléficos, el reino de la muerte. Los actuales !kung, los piro de la Amazonia y los san de Botsuana piensan que los estados de trance de los chamanes son una muerte verdadera. La única diferencia es que el chamán sabe resucitar. Pero su espíritu separado puede extraviarse y no volver o ser raptado por otros espíritus.

Hay arqueólogos que pretenden explicar esas coincidencias a partir del entorno, pero Usbek cree que derivan del propio funcionamiento de la inteligencia humana, de esa «exuberancia irracional» que tanto le ha sorprendido. Muchos investigadores piensan lo mismo. Claude Lévi-Strauss sostenía que la analogía que se da en los mitos de diferentes culturas se explica apelando a estructuras cerebrales comunes. Y David Lewis-Williams y David Pearce defienden que hay que buscar en la neurología la explicación de la cultura neolítica, no en la influencia del entorno. La inteligencia generadora productora de experiencias acaba dándoles un significado asociándolas con otras experiencias naturales.

Usbek piensa que la evolución de la inteligencia consistió en ir sometiendo y rediseñando la inteligencia generadora. Ya había sucedido con la invención del lenguaje, y a lo largo de la historia continuó ampliando el propio control de sus operaciones y su variedad. Volviendo a su metáfora del móvil, su cerebro fue admitiendo más aplicaciones, y la «superaplicación» ejecutiva se hizo también más poderosa, porque pudo extender su poder sobre las operaciones de la inteligencia generadora. La historia debía permitirle descubrir ese apasionante proceso.

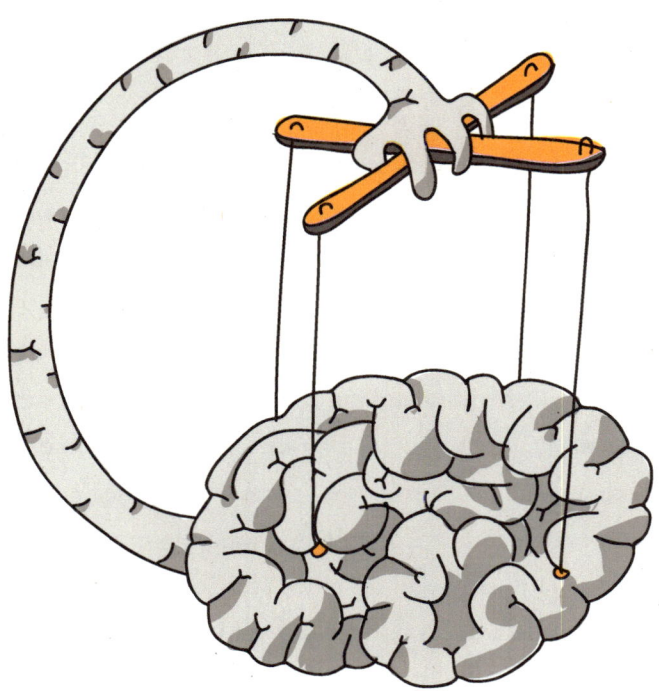

Tuit 37. Una creación salvadora: la compasión

Volvamos a los sapiens primitivos. La nueva especie tenía algunas peculiaridades que presionaron sobre su inteligencia cognitiva y emocional. Eran animales grupales, pero con características excepcionales. La vida sexual de los otros primates es espaciada. Las orangutanas entran en celo cada cinco años, y las gorilas y las chimpancés tardan en hacerlo entre tres y seis años después de cada parto. En cambio, la hembra sapiens puede mantener relaciones sexuales en períodos no fértiles, con lo que dejaban de tener una función exclusivamente reproductora. Además, la mujer no tiene estro, es decir, el momento de la ovulación no es detectable. Los etólogos suponen que este cambio fue seleccionado porque la posibilidad de tener relaciones sexuales frecuentes favorecía la unión duradera de las parejas, conveniente para atender a la cría que necesita unos largos cuidados.

La evolución humana no solo se manifestaba en nuevas capacidades intelectuales, sino en nuevas experiencias afectivas. Esto es ahora el foco del interés de Usbek. En un yacimiento de 1,8 millones de años de antigüedad de Dmanisi, en Georgia, se conservan los restos de un adulto que había perdido todos los dientes menos uno muchos años antes de morir. Eso significa que otros miembros del grupo tenían que proporcionarle alimento, un fenómeno inexistente en el mundo animal (P. Spikins, *How Compassion Made Us Human*, Pen and Sword Books, Barnsley, 2015). Los neurólogos suponen que se trata de una expansión del vínculo innato de la madre con el hijo, porque cuidar es una conducta relacionada con la oxitocina, una hormona que despierta sentimientos de simpatía y compasión. Por cierto, los humanos también experimentan un aumento de oxitocina en su relación con sus animales domésticos. La conclusión que Usbek sacó es que el cerebro humano pudo ir ampliando y variando sus comportamientos, asociando elementos que originariamente no lo estaban. Por ejemplo, la relación de cuidado hacia los hijos con la relación de cuidado a una persona adulta. Incluso pensó que ese podía ser el origen de las relaciones amorosas entre adultos. Habrían unido un comportamiento genérico –un macho copulando con una hembra– con un vínculo emocional parecido al que mantiene la madre con el niño, muy personalizado. Eso le permitió explicar un proceder extraño. Los enamorados suelen infantilizar su lenguaje íntimo.

OXITOCINA

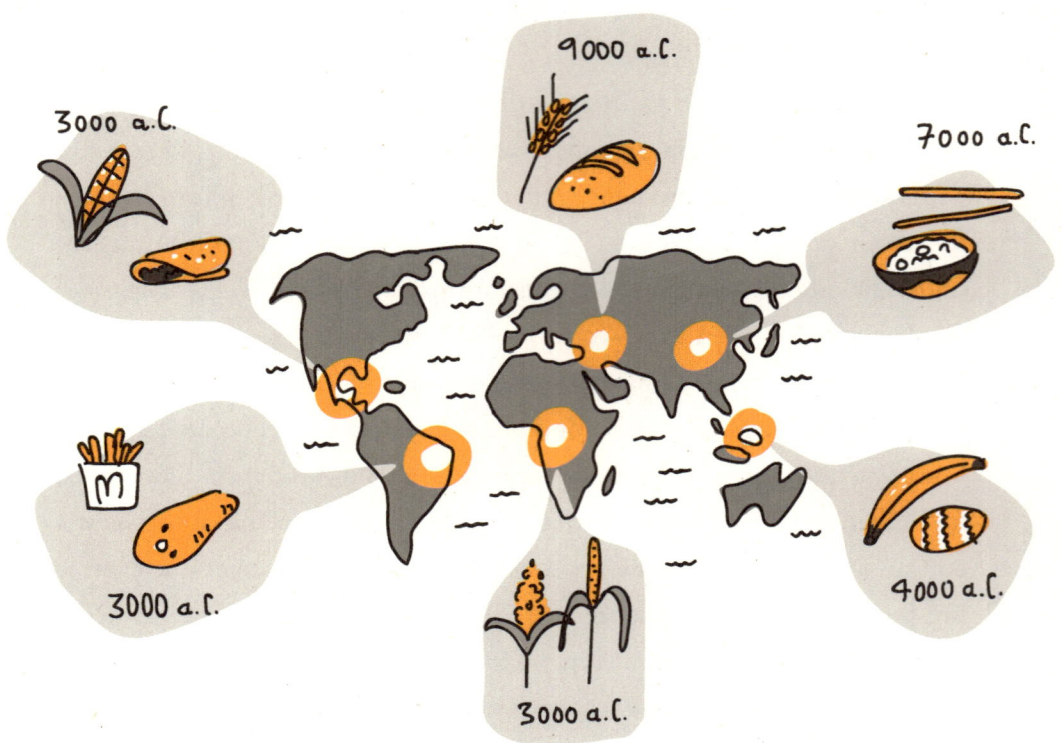

Tuit 38. La historia ha girado tres veces... hasta ahora

Movidos por su deseo de vivir mejor, de bienestar, de felicidad, hace unos 10.000 años los sapiens, que hasta ese momento habían sido nómadas, se establecieron, se volvieron sedentarios y comenzaron a cultivar la tierra. Este es un cambio esencial en la aventura humana, al que Usbek ha denominado «primera era axial». Pero hay una discusión entre los arqueólogos. ¿Qué sucedió primero, un cambio religioso o un cambio en la manera de nutrirse? ¿La religión o la agricultura? Se vuelve a hacer la misma pregunta que se hizo otras veces: ¿el cerebro hace a la cultura o la cultura al cerebro? ¿El sapiens produce arte o el arte produce al sapiens? ¿Los humanos crean religiones o las religiones crean al sapiens? La hibridación evolutiva, el bucle ascendente, nos ha proporcionado ya la solución. Las excavaciones en una aldea turca –Göbekli Tepe– descubrieron unas construcciones religiosas, cuando todavía no había casas. Muy cerca se encuentran pruebas que hacen pensar que es una de las cunas de la agricultura. Sacaron la conclusión de que un grupo numeroso de sapiens se reunieron allí, movidos por algún objetivo religioso, y que de esa aglomeración salió la idea de cultivar. No es que alguien decidiera en un momento inspirado: voy a ser agricultor, sino que, para Usbek, fue un caso de lo que los informáticos llaman «algoritmo hormiga». Han estudiado cómo buscan la comida las hormigas. Lo hacen al azar y si la encuentran, vuelven al hormiguero dejando un rastro de feromonas. Cuando otra hormiga encuentra esa pista, la sigue hasta la comida. Como las feromonas se disipan en poco tiempo, aquellas que siguen un camino más corto son más transitadas que las otras. Pues bien, Usbek supuso que alguien plantaría semillas y esperaría a ver el resultado, y muchos otros le seguirían porque vieron que tenía ventajas, hasta que la costumbre se estabilizó. Los humanos son expertos imitadores. La agricultura se inventó de forma independiente al menos en seis lugares del mundo. En cada caso, aprovechando las oportunidades que ofrecían los vegetales que espontáneamente brotaban en cada zona. Cereales y lentejas en Mesopotamia (9000 a. C.); arroz, mijo y soja en China (7000 a. C.); maíz y alubias en México (3000 a. C.); boniato y patatas en América del Sur (3000 a. C.); taro y banana en Nueva Guinea (4000 a. C.), y sorgo y mijo en África subsahariana (3000 a. C.).

Usbek asiste a una catarata de acontecimientos, cuyos efectos llegan hasta el presente. Por primera vez la producción de alimentos fue superior al consumo, es decir, aparecieron los excedentes y con ellos la propiedad, el comercio, la división del trabajo, la necesidad de protección, la aparición de protectores que cobraban por su protección. Comenzó un proceso de concentración de la población en grandes aldeas y después en ciudades. Los sapiens, que estaban preparados para vivir en grupos de unos cien individuos, tuvieron que aprender a vivir en grupos más amplios y eso hizo necesaria una reorganización de su modo de pensar, de sentir y de actuar. Aprender a cooperar con desconocidos supuso un cambio gigantesco. Nunca se ha visto a nuestros antepasados primates colaborar para cargar un tronco o para cualquier otra tarea (Tomasello). Aumentaron las ocurrencias y las innovaciones, y los sistemas de control se hicieron más necesarios. Aparecieron, como hemos visto, las primeras legislaciones. Someterse a normas supone controlar la inteligencia generadora, establecer un «sistema aduanero»

fuerte, para que la impulsividad no pase a la acción. La ciudad favoreció e impuso una nueva forma de pensar y sentir. La *Epopeya de Gilgamesh*, el texto literario más antiguo que conocemos, cuenta precisamente el paso del pastoreo a la ciudad. Gilgamesh, rey de Uruk, es un monarca déspota. Para aplacar su maldad, los dioses crean a Enkidu, que se cría en la selva con los animales. Una prostituta le anima a ir a la ciudad, donde lucha contra Gilgamesh: el salvajismo contra la civilización, la naturaleza contra la cultura. Vence Gilgamesh.

Tuit 39. La ciudad hizo al hombre

En 8500 a. C. la ciudad de Jericó, una de las más antiguas que se conocen, estaba habitada por más de tres mil personas y rodeada de una alta muralla. En las ciudades mesopotámicas se destacaban el palacio y el templo, dos grandes fuerzas para controlar la convivencia. En ambos casos, legitimándose mediante grandes historias. La capacidad simbólica de los sapiens les hizo inventar narraciones que sirvieron para tranquilizarlos, para colaborar, para mantener la cohesión, para justificar las leyes… Incluían leyes penales, que castigaban determinados comportamientos.

Pero Usbek cree que las leyes no bastaban. Era necesario crear sentimientos nuevos. Las hormigas en un hormiguero se sacrifican por la comunidad de manera automática. La clase guerrera de las *Globitermes sulphureus* está compuesta de hormigas suicidas, bombas andantes que acarrean un líquido corrosivo en dos glándulas del lomo, que pueden estallar en presencia de enemigos, como si fueran kamikazes o terroristas. Pero la inteligencia y la reflexión proporcionaron al sapiens la posibilidad de tener que decidir si quería o no sacrificarse por la sociedad. Pensó que una ciudad humana podría considerarse un hormiguero en que las hormigas se han vuelto kantianas y defendido su autonomía. Apareció así un problema que interesa mucho a Usbek porque en su civilización lo tienen igualmente planteado. Se trata de la relación entre el individuo y la sociedad. En el hormiguero, la comunidad es lo más importante. ¿Y en una tribu, una ciudad, una nación?

Los sapiens se unen en colectividades más amplias, porque encuentran en ello beneficios: seguridad, aumento de posibilidades de acción, puesto que son necesarias comunidades numerosas para incentivar la innovación. Michelle Kline y Robert Boyd estudiaron empíricamente en las islas de Oceanía la relación entre el tamaño de las poblaciones y la variedad de herramientas. Correlacionaban estrechamente (R. Boyd, *Un animal diferente*, Anaya Multimedia, Madrid, 2018, p. 60). Usbek ha comprobado que todas las sociedades que han permanecido viviendo como en la Edad de Piedra compartían dos características: eran comunidades pequeñas y no había en ellas nada por lo que valiera la pena esforzarse un poco más. Tenía noticia de los kuikuros, un pueblo que vivía en las selvas de la Amazonia cultivando mandioca. Durante siglos hubieran podido duplicar o triplicar su producción, pero preferían dedicarse al ocio. Sin embargo, cuando llegaron los europeos con sacos de artículos para comerciar, la producción de mandioca subió como la espuma. Los kuikuros no trabajaban más porque no encontraban nada que valiera la pena hacer horas extraordinarias. Esto reforzaba su interés por los premios. Las ciudades —las comunidades organizadas— eran grandes creadoras de premios que incitaban a la acción. El logro monumental —y, en principio, incluso aterrador— de la cultura del ser humano ha sido descubrir cómo hacer que los grupos trabajen juntos de manera coordinada. Usbek ha descubierto que el sapiens actual ha organizado una poderosa estrategia para estimular los deseos. Se llama «publicidad» y se encarga en ofrecer posibles premios a los humanos si compran lo anunciado.

HORACIO

DVLCE ET DECORVM EST
PRO PATRIA MORI

Tuit 40. Los humanos somos altruistas interesados

Usbek contempló la evolución de la humanidad como una pugna entre egoísmo individual o familiar –un biólogo llamado Richard Dawkins se había hecho famoso hablando del gen egoísta– y la necesidad de cooperar en sociedades más extensas. Una tensión nunca resuelta del todo, que había encontrado como mejor solución una especie de «altruismo interesado», que anima a cooperar si de esa cooperación se obtiene una compensación. Como consecuencia de este cálculo de beneficios y contribuciones aparece una idea de injusticia, cuando no se considera imparcial el reparto de los bienes. Los niños tienen muy pronto este sentimiento, por lo que es posible que haya sido seleccionado evolutivamente.

En ocasiones, sin embargo, había que renunciar a esos beneficios, porque las ciudades exigían sacrificios, incluso el de la vida. Y como sacrificarse por personas que no pertenecen a la propia familia no entra dentro de lo natural, tuvieron que crearse potentes sistemas no solo coactivos, sino emocionales y morales, para llegar a aceptar lo expresado por el proverbio latino

Dulce et decorum est pro patria mori («Dulce y honorable es morir por la patria»). Usbek detectó dos emociones poderosas en el origen de ese comportamiento generoso. La primera, el sentimiento de identidad y pertenencia a una tribu o a una ciudad. La segunda, la fama como valor supremo.

La identificación con el grupo comenzó muy pronto, con el totemismo. Usbek ha estudiado este fenómeno porque le parece un gran avance intelectual, una actitud reflexiva. Los humanos meditan sobre su carácter social, deciden introducir divisiones, clasificaciones; en dos palabras, órdenes inventadas. Las complicadas leyes familiares y matrimoniales son un claro ejemplo. Primero pensaron en las demás cosas, en los otros, pero acabaron pensando en sí mismos. A la pregunta ¿quién soy yo? responderían: soy un miembro de la tribu del oso. Más tarde, un ciudadano romano. Un cristiano. Un musulmán. Un ario. Es decir, me integro en una narración u otra. La ciudad aclaró y fortaleció esta pertenencia.

 La memoria de Usbek ha encontrado en un gran historiador griego, Tucídides, un ejemplo valiosísimo. Pericles reflexiona sobre Atenas. Su aspiración fundamental es la gloria de la ciudad, que solo puede conseguirse aumentando su poder de modo ilimitado (*pleixonia*). Aboga por la devoción a la polis como un todo. «Es natural que vosotros defendáis el honor de la ciudad, honor que le viene de un imperio del que todos os enorgullecéis», les recuerda Pericles a sus conciudadanos.

Para ser reconocida, esta potencia se debe materializar en una dominación creciente, en un dominar y tener más, sin fin. Así, la inmortalidad que la gloria procura a la ciudad está en relación directa con la expansión y la guerra.

♥ 716 MILL.

Tuit 41. **Los sapiens se emborrachan con el poder y la gloria**

De esta manera se atribuían a la ciudad, y posteriormente a los imperios, reinos y naciones, características personales: la ambición, el deseo de poder, la necesidad de expandirse. El honor, la gloria y la fama eran en su origen peculiaridades humanas, pero pasaron a atribuirse a la ciudad. Lo importante era animar, fomentar o incluso obligar a la cooperación. La «fama» era una herramienta para llamar a la acción. «En un tipo de cultura como la de la Grecia arcaica, en donde cada individuo existe en función de otro y en relación con los ojos de otro, donde los cimientos de la personalidad están tanto más sólidamente establecidos cuanto más lejos se extiende su reputación, la verdadera muerte es el olvido, el silencio, la oscura indignidad y la ausencia de renombre» (J. P. Vernant, *El individuo, la muerte y el amor en la antigua Grecia*, Paidós Ibérica, Barcelona, 2001, p. 56). Por el contrario, la existencia, incluso la inmortalidad, pasa por el reconocimiento —ya esté uno vivo o muerto—, por la estimación, por la honra… Gracias a la gloria que ha sabido conquistar dedicando su vida al combate, el héroe inscribe en la memoria colectiva del grupo su realidad como sujeto individual, expresada por medio de una biografía a la cual la muerte, poniéndole fin, ha hecho inalterable.

 Esta vez voy a ser yo quien aporte un dato. Mark Leary pensó que no tenía sentido evolutivo la profunda necesidad de autoestima que sentimos los sapiens. Propuso una solución. Durante millones de años la supervivencia de nuestros antepasados dependió de su capacidad para lograr que grupos pequeños los incluyeran y confiaran en ellos, por lo que existe el impulso innato de lograr que los otros piensen bien de nosotros. La autoestima, en realidad, es sobre todo un indicador interno de esa impresión (M. R. Leary, *The Curse of the Self. Self-Awareness, Egotism, and the Quality of Human Life*, Oxford University Press, Oxford, 2004). Los humanos necesitamos ser reconocidos por nuestros vecinos.

Usbek cree poder generalizar esa época heroica de búsqueda de la fama en el comienzo de todas las culturas. Gilgamesh sigue ese mismo modelo cuando, sin más motivo aparente que el de alcanzar un renombre inmortal, se dirige hacia el bosque de los cedros para dar muerte a su guardián, el terrible Huwawa: «Si sucumbo, al menos me habré hecho un renombre. "¡Gilgamesh —se dirá— contra el feroz Huwawa entabló la lucha!"» (*Poema de Gilgamesh*, tablilla III, de Yale, columna IV, vv. 13-15).

Es la fama la que le permite afrontar el tenebroso abismo de la muerte. Nada hay más terrible que ser avergonzado. La *Ilíada* repite el ideal heroico: «descollar siempre, sobresalir por encima de los demás» (*Ilíada*, VI 208). Eso lleva a comportamientos tan aparentemente absurdos como el potlatch de las tribus nativas del Pacífico noroeste estadounidense, en que se destruyen las propiedades para alcanzar prestigio.

Tuit 42. Gran parte de su inteligencia está fuera de usted

Usbek ya sabía que la cultura proporciona un conjunto de herramientas a la inteligencia, para ayudarla a resolver problemas. Hay sociedades que suministran más recursos que otras. Los nativos del desierto de Kalahari, que se limitan a recoger alimentos y a cazar, poseen un vocabulario de aproximadamente ochenta palabras, y su sistema de comunicación se apoya tanto en posturas como en gesticulaciones, por lo que tienen dificultad para comunicarse en la oscuridad. Ha habido muchas culturas ágrafas, lo que cortaba el inmenso canal de información que es la escritura. Los psicólogos evolutivos piensan que la capacidad de manejar números, que ahora la tienen todos los niños, se adquirió de forma parecida a la capacidad de aprender un lenguaje. Las culturas primitivas no la desarrollaron del todo.

 Un estudio reciente realizado por Claire Bowern y Jason Zentz, de la Universidad de Yale, en que se investigaron 189 lenguas aborígenes australianas, encontró que casi un 75 % de ellas tenían palabras para designar solo

hasta «tres» y «cuatro». Al estudiar 200 lenguas de cazadores recolectores de todo el mundo, vieron que la mayoría de ellas solo numeraban hasta «cinco». Más allá de esa cifra solo utilizan «muchos». El mismo resultado dieron las investigaciones de Daniel Everett en la tribu amazónica de los pirahas. Eran incapaces de comprender la cuantificación como concepto abstracto y solo tenían dos palabras, «poco/pequeño» y «muchos/grande». Incluso en culturas con conocimientos matemáticos, el cero tardó mucho en descubrirse, lo que imposibilitaba el cálculo posicional que utilizamos en el sistema decimal, en el que un cero puesto a la derecha de cualquier cifra la multiplica por diez. Evolución de las culturas y evolución de la inteligencia van, pues, paralelas. La ciudad, como símbolo de comunidad amplia, se convierte en una «inteligencia social» eficiente. La escritura, las matemáticas, la ciencia y los sistemas legales aparecen en la ciudad, que es amplificadora de la creación y por lo tanto de la expansión de la inteligencia (R. E. Núñez, «El origen cultural de la cognición numérica», *Mente & Cerebro*, enero de 2019).

Usbek pensó que era una incongruencia que los sapiens dedicaran tanto esfuerzo a aplicar test para medir la inteligencia de los individuos, y no tuvieran ninguno para medir la inteligencia de las sociedades. En su civilización sí existían, pero no sabía si serían aplicables a la humana. Por ejemplo, se consideran poco inteligentes las culturas que favorecen fracasos de la inteligencia, como la ignorancia, el fanatismo, los prejuicios, o la utilización equivocada entre el «modo emocional» y el «modo racional» de pensar. En la Tierra le pareció que había habido culturas poco inteligentes, como la que se dio en la isla de Pascua. Sus miembros no supieron gestionar la naturaleza, y desaparecieron. O la tribu de los mundugumor, que estudió la antropóloga Margaret Mead. Toda su cultura estaba dirigida a mantenerlos en perpetuo estado de malestar y agresividad, desde la infancia. Incluso la estructura familiar se organizaba para fomentar odios. Cada familia se componía de dos familias, en cada una de las cuales se alternaban los hijos. La familia del padre estaba compuesta por la primera hija, el segundo hijo, la tercera hija, etc. La familia de la madre, por el primer hijo, la segunda hija, el tercer hijo, etc. Como la única manera de casarse era cambiando una muchacha por otra, el padre podía cambiar a sus hijas por novias para él, con lo que los hijos de su familia tenían que desear la muerte del padre cuanto antes si querían casarse. Esta agresividad interna era una respuesta racional a una creencia falsa. Los mundugumor creían que el mundo era malvado, y había que estar perpetuamente en alerta, preparados para repeler la agresión de los enemigos, de los espíritus o de las fuerzas naturales.

Tuit 43. Yo soy yo y mi circunstancia. Y si no salvo mi circunstancia, no me salvo yo

Usbek buscó algunos ejemplos más modernos. La ciudad de Florencia, bajo el gobierno de los Médici, disfrutó de una excepcional presencia de genios. Por eso se denomina «efecto Médici» a la posible influencia que el entorno social –la ciudad– tiene en la aparición de personas creativas. Usbek piensa que las ideas no salen de la nada, sino que se construyen a partir de lo que ya se tiene. Cada persona puede hacer sus proyectos vitales, pero a partir de las posibilidades que su cultura propone. Los investigadores que estudiaban el modo de funcionar de la inteligencia de tribus de Arabia quedaron sorprendidos al ver la dificultad que tenían para imaginar el futuro. A la pregunta: ¿Qué haría si se fuera a vivir a una ciudad?, contestaban una y otra vez: No lo voy a hacer nunca.

Las ocurrencias emergen de una red tupida de interacciones. La evolución de las culturas había demostrado que las ciudades grandes fomentaban más la innovación, y, dentro de las ciudades grandes, aquellas que mantenían unas relaciones flexibles, estimulantes y ponían muchos recursos culturales a disposición de sus ciudadanos. En las conversaciones de Goethe con Eckermann se cuenta que Ampère ha llegado a Weimar. Para asombro general, resulta que el conocido señor Ampère, descubridor del electromagnetismo, es «un jovencito vivaracho de unos veinte años». Eckermann expresa su asombro y Goethe le contesta (jueves, 3 de mayo de 1827): «A vos os ha resultado difícil formaros, porque en Alemania central hemos tenido que trabajar mucho para acumular la escasa sabiduría que tenemos. Pues en el fondo llevamos una vida aislada y pobre. Encontramos muy poca cultura en el pueblo, y todos nuestros talentos y buenas cabezas están repartidos por toda Alemania. Imaginaos ahora una ciudad como París, donde se reúnen los hombres más eminentes del Estado para enseñarse mutuamente y elevar su espíritu en un intercambio, lucha, emulación cotidianos y donde se abre a la luz pública diaria lo mejor de las ciencias de la naturaleza y del arte, lo mejor que hay en todo el mundo. Podréis comprender que en este florecimiento haya podido aparecer una gran cabeza como la de Ampère, y que a sus veinticuatro años haya podido ser ya alguien».

 Usbek ha escrito en su anexo de preguntas: «¿Saldría bien parada nuestra civilización si la sometiéramos a un test de inteligencia colectiva?».

Mapa 6

6 el Cazador se vuelve CIUDADANO

Hace **90.000** años los Sapiens abandonaron **ÁFRICA** para colonizar el mundo

Por aquel entonces estaban aún a merced de su Int. **GENERADORA**

Aún no sabrían separar lo **REAL** de lo **IRREAL**

Quizás esa inteligencia produjera una poderosa **OCURRENCIA** generada por alguna **ALUCINACIÓN**, que es lo que daría nacimiento a la **RELIGIÓN** ...

OXITOCINA

El vínculo **EMOCIONAL** madre-hijo se extiende a la relación con el resto del **GRUPO**

Esto favorecía la unión de **PAREJAS**, imprescindible para atender a sus crías

Otra peculiaridad del Sapiens, que es animal **GRUPAL**, es que la hembra puede mantener relaciones **SEXUALES** en períodos no fértiles

Hace **10.000 años**, movido por algún motivo **RELIGIOSO**, el sapiens se vuelve sedentario y comienza a **CULTIVAR** la tierra

OTRO invento en =PARALELO= en todo el MUNDO

Este cambio produce una cascada de acontecimientos que he denominado...

1.ª ERA AXIAL

3000 a.C.   9000 a.C.   7000 a.C.

3000 a.C.   3000 a.C.   4000 a.C.

La producción de alimentos se hizo superior al consumo y aparece el **COMERCIO**, la división del trabajo, la protección ...

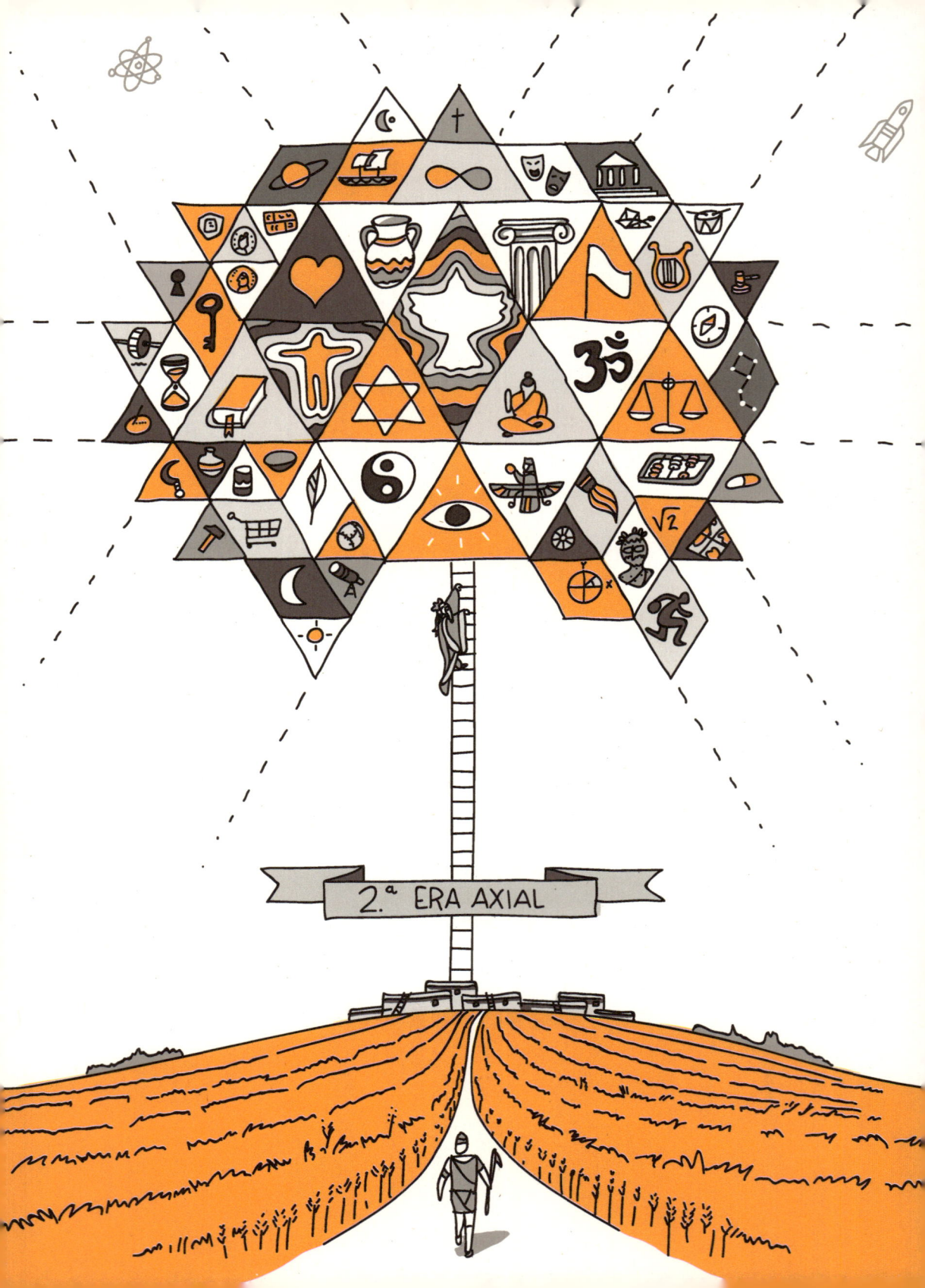

2.ª ERA AXIAL

La gran revolución espiritual

Tuit 44. El segundo gran giro: Dios se hace bueno

Después de la gran revolución ciudadana, Usbek ha descubierto otra revolución menos conocida, pero tan importante como aquella para la evolución de la inteligencia. La primera era axial expandió las relaciones exteriores, la inteligencia social, compartida en la ciudad. En la segunda era axial hay una gigantesca vuelta del sapiens sobre sí mismo; se despierta el interés por la reflexión en el terreno religioso, político y económico. Y se inventan herramientas mentales para hacerlo. La primera gran autobiografía en sentido moderno es la de Agustín de Hipona, en el siglo IV d. C., escrita en un ambiente de análisis introspectivo religioso. La separación de lo real y lo simbólico existente desde el principio de la historia se somete a estudio, evaluación y crítica. Aparecen las grandes religiones que se mantienen en la actualidad. La enorme cantidad de gráficos que hay en el cuaderno de campo de Usbek demuestra su hondo interés por este período de la historia humana.

La era axial religiosa se extiende desde el 750 hasta 350 a. C. El nombre lo inventó un gran filósofo alemán, Karl Jaspers, para quien suponía el cambio más profundo en la historia, la humanización del sapiens. Sus protagonistas son los profetas hebreos, los autores de los Upanishads, Buda, Mahavira, Confucio, Lao-Tse, Sócrates. Habría que incluir, como precursores, a los maestros arios que escribieron los Vedas y a Zoroastro; y como continuadores, a dos grandes personalidades: Jesús de Nazaret y Mahoma, ambos inscritos en la tradición judía. La religión había acompañado a los sapiens desde su aparición como especie, pero en este momento se espiritualiza, se vuelve hacia el interior y colabora al modo en que los humanos se entienden. Sócrates resume lo que está sucediendo: «Una vida sin reflexión no vale la pena ser vivida». Para Confucio lo importante es el cuidado que es preciso poner en lo que se está haciendo, para de esa manera identificarse con el camino. Para los profetas de Israel lo fundamental es la interioridad, la pureza de corazón. La memoria de Usbek le señala que la búsqueda de la pureza de corazón, de sentimientos, de intención es común a muchas religiones. Los Upanishads hindúes descubren en esa interioridad la chispa de lo Absoluto, y entonces se dice al fiel una frase misteriosa: *Tat Tvam asi* («Tú eres eso»). En ti está lo Absoluto. La finitud es una ilusión. La verdadera realidad es lo infinito. Por eso, los Upanishads son en cierta manera uno de los puntos culminantes de la sabiduría axial.

La relevancia de la segunda era axial es innegable. En la actualidad los seguidores de las religiones que comienzan o se desarrollan en ella son:

Es difícil calcular el número de confucianos, incluso es difícil saber si hay que considerar el confucianismo como una religión, pero muestra de su influencia es el hecho de que en pleno siglo XXI el Partido Comunista chino reivindique con fuerza el confucianismo como fundamento de la cultura china.

Tuit 45. En el interior del hombre habita la verdad

A Usbek —que procede de una cultura no religiosa— le ha sorprendido la permanencia de las religiones, a pesar de que con frecuencia se ha extendido su certificado de defunción. Hoy en día, en Estados Unidos, por ejemplo, el 76 % de la población se define a sí misma como religiosa, el 3 % como atea, el 4 % como agnóstica y el 17 % como nada en particular. En 2016, el 42 % de los votantes potenciales encuestados en Estados Unidos afirmaron que no votarían a un ateo como presidente. No es esto lo que interesa más a Usbek. Está intentando asistir a la evolución de la inteligencia humana y le interesa conocer si la era axial tuvo importancia en este proceso. Con este fin, su memoria ha recogido opiniones de especialistas que le permitieran comprender lo que esa era supuso en la evolución de la inteligencia humana.

 —Merlin Donald ha escrito: «La era axial podría considerarse como el momento en que la humanidad da un salto evolutivo en la capacidad de dirigir y supervisar lo que llamamos metacognición». Se entiende con esta palabra la capacidad de reflexionar sobre los propios procesos mentales.

- Wittrock la ha denominado «la era de la reflexividad que da origen a las grandes civilizaciones y a las visiones religiosas de la comunidad universal».
- Marcel Gauchet opina también que es un giro que divide la historia en dos, pero lo relaciona con la aparición del Estado, que supuso otra discontinuidad.
- McNeill y Harari señalan el avance que supuso la creación de religiones menos tribales, es decir, una marcha hacia la universalidad.
- Según Robert Bellah, las religiones de la era axial comparten cinco transformaciones: (1) un nuevo «cuidado del yo», (2) la aparición de religiones del libro, (3) el fin de los sacrificios, (4) el paso de la religión cívica a la religión de la comunidad, (5) la transformación del maestro de sabiduría en maestro espiritual.

Usbek tiene una idea gráfica sobre la función que las religiones han ejercido en la evolución de la humanidad. Considera que han sido grúas mentales, que han acelerado el ascenso desde la animalidad hasta la humanidad. Sin duda han proporcionado esperanza, seguridad y cohesión social, pero piensa que parte de su éxito ha estado en colaborar al ímpetu ascendente del sapiens. Una grúa física es un mecanismo que permite elevar pesos. Una grúa mental es una creación humana que permite al hombre ascender en conocimiento, en visión, en capacidad creadora. Son creaciones humanas que posibilitan al sapiens creer en una realidad superior e intentar acercarse a ella. Le pareció que la afirmación de un ser perfecto, bondadoso o Absoluto sirvió como punto de comparación, o como meta a imitar. Jesús de Nazaret lo resume en una frase recogida en los Evangelios: «Sed perfectos como Dios es perfecto». Esto se manifestó también en una insistencia en la búsqueda de la justicia, de la compasión y de la armonía, que se concreta en la universalidad de la «regla de oro», aceptada por todas las religiones: «No hagas a los demás lo que no quisieras que te hicieran a ti». La idea de «grúa mental» propuesta por Usbek me resulta atractiva y chocante, por lo que he investigado acerca de su valor para describir la realidad. Me ha llamado la atención la opinión del antropólogo Maurice Bloch, para quien uno de los aspectos más distintivos de la humanidad es que, a lo largo de nuestra historia evolutiva, hemos pasado de ser «seres transaccionales», que interactúan con sus iguales, a ser además «trascendentes». Tenemos roles, reglas e interacciones que se basan en algo más que en la experiencia estricta y en la realidad material; dichos roles y reglas los crea nuestra imaginación (M. Bloch, «Why religion is nothing special but is central», *Philosophical Transactions of Royal Society B: Biologial Sciences*, 363, 2008, pp. 2055-2061). Esa capacidad de imaginar relaciones verticales –que a su juicio ha sido central para la humanización de la especie y que incluye no solo seres divinos, sino otras creaciones abstractas como los antepasados o la nación– supone una vía de ruptura de lo cotidiano. Eso es la trascendencia.

Tuit 46. «Si no subo, caigo», dijo la flecha

Usbek se siente eufórico con la idea de las «grúas mentales». Experimenta lo que él mismo ha llamado un «placer espiritual». En este caso, el de inventar un concepto que le sirve para aclarar varios fenómenos. Como símbolo le interesan sobre todo las grúas que se van construyendo a sí mismas, es decir, que no necesitan otra grúa para elevar su propia estructura. Su memoria le ha proporcionado una curiosa metáfora: el barón de Münchhausen, personaje de una novela picaresca alemana, de quien se cuenta que habiéndose caído en un pantano se sacó de él tirándose hacia arriba de los pelos. Piensa que es lo mismo que hace la inteligencia humana. Los expertos dicen que es autopoiética, es decir, que se construye a sí misma. En su cuaderno ha señalado que tiene que ampliar esta noción. Piensa que un grupo social va construyendo esa grúa mental —en el caso que nos ocupa, la figura de lo Absoluto, de Dios, de un ser perfecto, de un modelo de perfección humana— que luego es usada por cada uno de los miembros del grupo. Su memoria continúa proporcionándole casos interesantes.

–En todas las culturas hay una simbología del espacio: lo alto es bueno; lo bajo, detestable.

–Platón ya lo había dicho en el *Banquete:* «El mundo de aquí es imagen, corrupción, deficiencia comparado con el que está por encima del cielo. ¿No te das cuenta de que solo allí donde el ser humano ve lo bello, podrá engendrar no simulacros de excelencia, sino la verdadera excelencia?».

–«La mente humana percibe automáticamente un tipo de dimensión vertical del espacio social que tiene a Dios o a la perfección moral en la parte superior, y que va descendiendo y pasando por los ángeles, los seres humanos y otros animales hasta llegar a los monstruos, los demonios y finalmente al diablo, o al mal perfecto, en el fondo. Podría ser una idea preparada de forma innata» (Haidt, *La mente de los justos*, Deusto, Barcelona, 2017, p. 156).

–Christian Heck en *L'échelle céleste*, escribe: «La escala celeste constituye un tema específico. Se inscribe entre los grandes temas ascensionales, cuya universalidad han demostrado Mircea Eliade y Gilbert Durand. Comparte con ellos el sueño de volar y la "poética de las alas" también evocada por Bachelard (*El aire y los sueños*) y que ha permitido recientemente a Peter Greenaway organizar a propósito del "ruido de nubes" una colección pertinente de dibujos antiguos. Pero la escala no es el vuelo, ni la subida al cielo en un carro. Supone la presencia de un eje vertical. Se parece más a la subida por una columna, una cuerda o un árbol, un soporte que tiene su existencia propia, por el cual se puede subir o bajar, que pone en relación diferentes niveles, y que a veces está ligado a la noción de *axius mundi*».

Tuit 47. Por qué los humanos piensan en ángeles

Usbek se plantea que esa podía ser la respuesta a su pregunta de por qué los humanos piensan en ángeles. La religión no le parece la única grúa mental porque cree que el arte puede realizar la misma función, por su referencia a un mundo superior o a una transfiguración de la realidad. El «entusiasmo», el sentirse poseído por un dios, fue una experiencia común a la religión y al arte. La cultura griega unificó en ese plano trascendente la bondad, la belleza y la verdad: las tres aspiraciones que elevaban al ser humano. Pitágoras es recordado sobre todo por el teorema que descubrió, pero era un místico que pensaba que el alma solo podía liberarse de la tumba del cuerpo mediante la purificación. Platón opinaba algo parecido, y afirmaba que la contemplación de un cuerpo hermoso puede transformarse en contemplación extática de la belleza ideal. La idea es tan poderosa que, siglos después, san Agustín cuenta su conversión al cristianismo diciendo: «Oh belleza tan antigua y tan nueva, tarde te conocí, tarde te amé». Y todavía más siglos después, ya

en el XIX, Hegel, otro filósofo, lo resume en una frase: «El fin del arte es la exposición sensible de lo Absoluto». Usbek lo corrige: el arte es una grúa que nos sube al Absoluto.

No puede explicar la razón del placer que sienten los sapiens por la música, la pintura, las narraciones, la decoración… Sabe que todo placer enlaza con el sistema neuronal de recompensas, pero desconoce por qué se produjo. En la naturaleza, fenómenos que los humanos consideran bellos —el colorido de las flores o la cola del pavo real— tienen como objetivo atraer a los insectos polinizadores o a las parejas. Es posible que sea el origen de la fascinación por el arte. Eso se lo ha sugerido un antiguo mito hindú. Brahma creó el universo, con todas las bellezas de la naturaleza, y también al hombre. Pero tras esa hazaña, Saraswati, su esposa, le encontró meditabundo y triste. Cuando le preguntó la razón de su melancolía, Brahma respondió: «He creado un mundo bello, pero el hombre no lo aprecia y sin apreciar la belleza, la inteligencia no vale nada». Entonces Saraswati dijo: «Para que aprecien la belleza voy a hacer a la humanidad un regalo llamado Arte». A partir de entonces, los sapiens vivieron la experiencia estética y por eso en la India Saraswati es adorada como la diosa del arte y de la música.

En uno de esos saltos que gustan a Usbek, ha anotado: «Sartre y el cine». Jean-Paul Sartre fue uno de los filósofos más importantes del siglo pasado, y Premio Nobel de Literatura. Una de sus ideas principales, no excesivamente optimista, era que el ser humano está empantanado en lo fáctico, en todo tipo de relaciones humanas que son viscosas, pegajosas. Su principal novela se titula *La náusea*. A pesar de esta visión negativa de lo real, Sartre se confesaba vitalmente platónico. Creía que frente a la pobreza de lo real había un mundo maravilloso, puro y perfecto, como el de las ideas platónicas, pero ficticio. Contaba en su autobiografía que tenía esa ensoñación desde que iba de niño al cine. En las películas todo era brillante y acababa bien. Los protagonistas eran guapos, el chico y la chica se enamoraban, el héroe salvaba a la heroína en el último segundo, cuando estaba a punto de caer por la cascada. Pero cuando se encendían las luces, se terminaba la magia y la facticidad se imponía. En la calle todo era vulgar. En un estado de ánimo parecido, el protagonista de *La náusea* decide suicidarse. Cuando está a punto de hacerlo, escucha una voz negra, ronca, cantando *Some of These Days*. Esa irrupción de la belleza le convence de que es posible justificar la propia existencia: «Soy como un tipo completamente helado que después de un viaje por la nieve entrara en un cuarto tibio». No es gran cosa. Es solo la ruptura de la deprimente facticidad. Una grúa en acción.

También la ciencia, que aspira a verdades universales, es una grúa. Y la búsqueda de la justicia, que contempla como una aspiración humana desde el principio de los tiempos. Todo se unifica en una poderosa y constante pulsión humana: la invención de utopías. La idea de una «ciudad feliz», la búsqueda del paraíso y la creencia en una edad de oro son ocurrencias de la inteligencia generadora que encandilan el corazón humano.

Usbek, siguiendo el consejo de algunos expertos, considera que la segunda era axial no es solo un fenómeno religioso o estético, sino también político y económico. En ambos campos se desarrolló el afán de reflexionar sobre lo vivido, y de ascender a un grado más alto de universalidad o de abstracción. Por eso algunos autores la denominan «era metacognitiva». Sucedió en Grecia, en Roma, en China. Los primeros imperios habían surgido como pura expansión del poder. Pero acabaron dándose a sí mismos una misión que de alguna forma justificara los horrores que todo imperialismo invasivo implicaba. Alejandro Magno introdujo una misión para el imperio: unificar la humanidad. Plutarco comenta que Alejandro había rechazado deliberadamente el consejo que le dio su maestro Aristóteles de tratar como humanos solo a los griegos y de considerar a todos los «bárbaros» meras bestias. Roma heredó el ideal alejandrino, pero lo mismo les ocurrió a los gobernantes orientales, desde los persas hasta los indios. Cuando se le preguntó a Chandragupta, el fundador de la dinastía Maurya en la India en el siglo IV a. C., cómo concebía su imperio, se dice que contestó: «Observé a Alejandro, siendo aún muy joven».

La política fue racionalizándose, al igual que había pasado con la ética. Es decir, sustituía las evidencias privadas por evidencias compartidas y justificadas. Esto le pareció esencial a Usbek:

«Razonar no es solo hacer razonamientos, proceso que las máquinas ejecutan a la perfección, sino usar la inteligencia para lograr que certezas propias se conviertan en certezas bien corroboradas y, por ello, universales.»

La memoria de Usbek, que tenía un buen repertorio de citas poéticas, aportó una muy oportuna:

En mi soledad
he visto cosas muy claras
que no son verdad.
ANTONIO MACHADO

Los sapiens han ido buscando la universalidad en la línea del conocimiento y también en la línea de la acción, de las normas, del derecho y de la ética, dominios en que las emociones no pueden estar ausentes. En Grecia los asuntos públicos se discutían en la asamblea pública. Los procedimientos judiciales se hacían mediante la contrastación de testigos. No es casual que Atenas fuera la cuna de la democracia, de la ciencia y de la filosofía. Que convivieran en ella los estoicos y Euclides. Roma fue un paso más en esa colosal aventura de los sapiens para ir resolviendo los problemas de la reflexión, para explorar la propia interioridad: ¿Qué puedo conocer? ¿Qué debo hacer? ¿Qué va a ser de mí? ¿Quién soy yo? Roma veneró a Grecia, pero trajo sus ideas del mundo ideal al mundo práctico. Los romanos convirtieron a

Roma en un mito y en una misión. Reflexionaron y organizaron el poder. La sociedad que tenían que gobernar no era la de una pequeña ciudad como Atenas, sino que Roma, con un millón de habitantes, constituía la capital de un imperio que se extendía casi cinco mil kilómetros de este a oeste y cerca de tres mil de norte a sur. Elaboraron un sistema jurídico que ha sobrevivido hasta la actualidad, porque en las universidades humanas modernas se sigue estudiando el derecho romano. Pero fueron conscientes de que no se trataba de la obra de un hombre, sino de una creación de la inteligencia compartida –del cerebro social– que iba teniendo más y más protagonismo. Cicerón lo afirma tajantemente: «Nuestras leyes son más sabias porque no las ha hecho un hombre, sino la experiencia de muchos de ellos». Usbek ha tomado buena nota de esta afirmación, que enlaza con su interés por saber si la inteligencia humana es individual o colectiva.

Me llama la atención la minuciosidad con que Usbek estudiaba todo lo que tiene que ver con el derecho y la justicia. Sabía que los animales sociales poseen normas, pero su obediencia estaba grabada en su cerebro. Nada parecido sucedía entre los humanos. La ley era una herramienta para solucionar los conflictos, tanto los que surgían entre ciudadanos romanos, como en el trato con los extranjeros. El «derecho de gentes», que era común a todos, fue una creación que se mantiene hasta hoy. El estoicismo había defendido que el hombre debía vivir de acuerdo con la naturaleza y que esta tenía un código de leyes que el filósofo aspira a conocer. Así surgió el concepto de «ley natural». Para Cicerón, «la verdadera ley es la razón, recta y natural. No habrá una ley en Roma y otra en Atenas, ni una ahora y otra después» (*Sobre la República*, III, 33). Esa era la idea de universalidad racional que interesaba a Usbek. Una «ley natural» que no estaba en la naturaleza, donde la única ley que prima es la fuerza, sino en la inteligencia humana, en su capacidad de inventar o soñar mundos mejores, tal vez naturalezas mejores.

Una religión universal, un derecho de todas las gentes, un esbozo de ética general basada en la religión y el imperio como organización de la diversidad fueron nuevas ideas unificadoras y reflexivas que llegaron para quedarse. Lo mismo sucedió con otro formidable sistema simbólico: el dinero. A Usbek le irritaba comprobar que los sapiens tenían una idea materialista y cicatera del dinero, olvidando lo que es en realidad: una gigantesca creación simbólica. Tal vez la más importante después del lenguaje, porque este es capaz de manejar toda la realidad, y el dinero solo la realidad que puede entrar en relaciones comerciales. Un billete representa todas las cosas que es posible comprar con él. No solo objetos sino también personas, poder, sexo, prestigio, cultura… Incluso, durante la época de las indulgencias, podía comprar el salir pronto del purgatorio para subir al cielo.

El dinero fue inventado muchas veces y en muchos lugares. Su desarrollo no necesitó grandes descubrimientos tecnológicos: se trató de una revolución puramente mental. Supuso la creación de una realidad intersubjetiva que solo existe en la imaginación compartida de la gente. Se basa en la confianza. Alrededor del 600 a. C., en Lidia se había empezado a acuñar trozos de metal para garantizar su peso. Se trata de otra invención en paralelo, porque la acuñación surgió de manera independiente en la gran llanura de China septentrional, en el valle del Ganges y en Lidia. El ejército de Alejandro, que contaba con 120.000 hombres, necesitaba media tonelada de plata al día solo para pagar los sueldos.

Usbek ve el dinero como una metáfora de la inteligencia humana. Es una colosal herramienta simbólica para resolver problemas. Es simbólica porque una moneda representa algo distinto de ella: el valor que los demás van a darle como medio de pago. Una costumbre de los habitantes de la isla Yap, en el Pacífico, que España vendió a Alemania en 1899, muestra hasta qué punto el dinero se basa en la confianza. En esa isla no hay metales y los lugareños utilizaron como moneda grandes piedras llamadas *fei*, que traían de otra isla. Como las piedras eran muy pesadas, cuando se hacía una transacción no se movían, solo se hacía una marca para indicar la transacción. El caso más extremo era el de un *fei* enorme que se había hundido durante el traslado. Nadie lo había visto, pero la tradición servía para hacer rica a la familia propietaria, que comerciaba con esa moneda invisible.

El dinero fue una creación colectiva. Nadie fue autor de esa novedad, que se estableció y consolidó en el trato diario, puliendo su significado a través de miles de millones de intercambios. A Usbek le extraña que se haya dado la importancia que merece a la utilidad del dinero, pero en cambio se haya meditado poco sobre el tipo de inteligencia que se requiere para inventarlo. El dinero exige un alto grado de abstracción, porque es una unidad de medida, como el metro; permite funciones de intercambio, como lo hacía el trueque; pero además, y eso es lo que le sorprende, se convirtió en una unidad para medir un valor desligado de todas las cosas. Es un símbolo puro, capaz de representar cualquier cosa. Por eso es tan codiciado. Posibilita calcular los precios, servir de intermediario para el comercio, atesorarlo…

Tuit 50. **El dinero demuestra que el sapiens vive de ficciones**

Usbek lo considera un ejemplo paradigmático de la inteligencia: es un símbolo inventado, sirve para resolver problemas, y por ser un símbolo entra en la proliferante creación de símbolos sobre símbolos sobre símbolos propia de la inteligencia. El sistema financiero al completo se basa en la ficción, como todos los sistemas políticos. China comenzó a acuñar billetes en papel, lo que era un grado más de abstracción, que desconcertó a Marco Polo. El billete es un pagaré. En España, hasta 1976, los billetes tenían una inscripción: «El Banco de España pagará al portador» la cantidad que fuera. Por ejemplo, cien pesetas. Es decir, el billete era un reconocimiento de deuda por parte del Banco de España, que debía al tenedor del billete esa cantidad. Si alguien hubiera ido a reclamar su deuda al banco, ¿qué hubiera debido recibir? Según la ley de 1869 que implantó la peseta, el valor de esta era 5 gramos de plata de ley de 900 milésimas, de modo que a cambio del billete de cien pesetas, el banco le hubiera dado medio kilo de plata. Pero eso nunca sucedió, porque el billete era un pagaré ficticio. Nada respondía de él, salvo el Estado que autorizaba a que sirviera como medio de pago. Lo más que podía hacer el Banco de España era dárselo cambiado en otro tipo de moneda, que también era un pagaré. Como todos los sistemas simbólicos, el dinero tiende a expandirse, siguiendo lo que a Usbek le parece una ley evolutiva esencial. Surgieron sofisticadas herramientas financieras y el dinero ficticio se multiplicó. Nadie sabe el dinero que hay en el mundo porque han aparecido varios niveles de «derivados», que remiten a derivados de nivel anterior. Es la «exuberancia irracional» de la que habló Alan Greenspan y que para Usbek era el modo espontáneo de trabajar de la inteligencia humana, la inteligencia de un animal hiperbólico, perpetuamente insatisfecho y exagerado. En 2008 la economía planetaria estuvo a punto de morir aplastada por el peso de una ficción.

La memoria de Úsbek le proporcionó datos sobre las burbujas financieras que periódicamente ha vivido la humanidad, y que acababan estallando siguiendo una ley que los economistas han bautizado con un nombre cáustico: «la ley del más tonto». Una burbuja va aumentando hasta que no hay ya ningún tonto capaz de pagar más.

En su cuaderno de campo, Usbek anotó sus conclusiones sobre el dinero:

«El dinero es una convención, una ficción que, sin embargo, produce fenómenos reales: la producción de bienes. Es una prueba más de que el ser humano necesita organizar la realidad mediante ficciones creadas por la inteligencia. Al igual que los mitos, las creencias religiosas, o los sistemas políticos, el dinero solo funciona cuando la gente cree en él.»

Esto último es evidente. La confianza en las monedas de Roma fue tan grande que en el siglo I d. C. eran aceptadas en la India, aunque la legión romana más cercana estaba a miles de kilómetros. El nombre «denario» se convirtió en nombre genérico para nombrar a las monedas («dinero»). Los califas árabes arabizaron el nombre y acuñaron dinares, que sigue siendo el nombre del dinero oficial en muchos países.

Pero, lanzado ya a ver en el dinero la gran metáfora de la inteligencia, Usbek siguió adelante. El dinero favoreció el comercio, que es también una soberana creación de la inteligencia. Con razón el historiador Tucídides consideraba que lo que caracterizaba a los bárbaros era que no tenían comercio. A Usbek le parecía importante porque era una manera de satisfacer los deseos sin necesidad de emplear la fuerza, sino negociando con los deseos de la otra persona. A su modo de ver, esa estrategia de «ganar-ganar»,

de lo que en teoría de juegos se denomina «juegos de suma positiva», era una soberbia creación de la inteligencia humana. Pensó que se trataba de un logro más de la segunda era axial, que resumía muchos otros: la regla de oro, la meditación sobre la democracia, los códigos universales de justicia y los valores éticos universales. Todos eran logros sociales y Usbek anotó:

« Tal vez la felicidad de las sociedades se reduce a establecer sistemas en donde todos resulten ganadores si se atienen a ciertas reglas.»

Cerró el cuaderno satisfecho.

Mapa 7

7 la Gran Revolución ESPIRITUAL

2.ª ERA AXIAL } 750 a.C. → 350 a.C.

Representa una Gigantesca vuelta del Sapiens sobre SÍ MISMO en el terreno Religioso, Político y Económico

RELIGIÓN

Aparecen las GRANDES RELIGIONES que perduran hasta la actualidad, que suponen la HUMANIZACIÓN del sapiens

Da así un salto EVOLUTIVO en su capacidad de Metacognición

Reflexión sobre los Propios Procesos mentales

El Placer que siente el Sapiens con el ARTE enlaza con el Sistema Neuronal de RECOMPENSAS

el ARTE también ejerce de GRÚA mental que nos sube al ABSOLUTO

Permiten al Sapiens CREER en una Realidad Superior que le sirve de modelo para acercarse a ella

las Religiones han ejercido de GRÚAS mentales para la humanidad, ayudándola a ASCENDER en Conocimiento, visión y cohesión SOCIAL

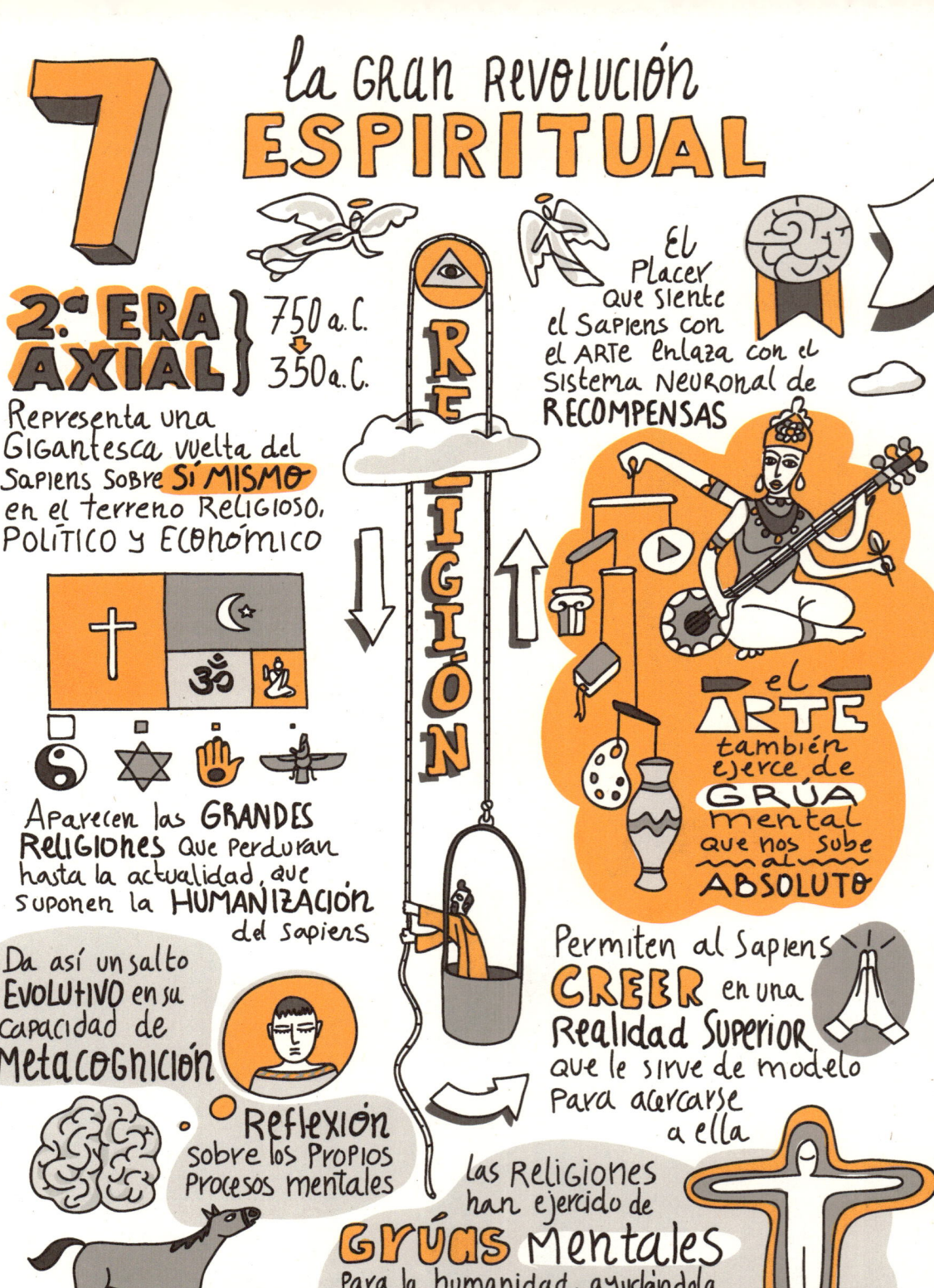

3.ª ERA AXIAL

Rebeldes
o sumisos

Tuit 51. El tercer gran giro fue la rebeldía En el modelo de inteligencia dual, descubierto por Usbek, hay un elemento decisivo que, sin embargo, suele pasar desapercibido. Todo el mundo entiende que es estupendo tener una inteligencia generadora amplia, brillante, fértil, creativa, optimista, pero resulta más raro comprender que también debe serlo la capacidad de seleccionar esas ocurrencias. Es la que todavía no han conseguido los niños, la que han perdido los enfermos mentales y la que no ejercen los fanáticos. Una de las funciones de la inteligencia ejecutiva es servir de aduanera para inspeccionar las ocurrencias, los deseos y las propuestas de acción que intentan dirigir la conducta humana. Hace un papel parecido al que ejerce la «selección natural»: admite las soluciones adecuadas y rechaza las inadecuadas. La criba realizada por la inteligencia ejecutiva es más sofisticada porque se basa en criterios de evaluación propios, aceptados o elaborados por ella. Pero los efectos son análogos: dirigen la evolución.

Ya sabemos lo que ocurre cuando la aduanera está de vacaciones. Cualquier ocurrencia que llegue a la aduana, pasará. La memoria de Usbek le proporciona ejemplos patológicos de pensamientos que no se someten al control ejecutivo. Por ejemplo, en el «pensamiento incoherente» hay saltos continuos de un tema a otro, los cuales dan la impresión al observador de que fueran irrupciones de vivencias cambiantes. También la conducta psicopática es un ejemplo de carencia de aduanas. En este caso por la inexistencia de criterios de control.

Aparece así el apasionante juego de influencias que ya había detectado Usbek. La pugna entre dos avatares del sujeto: el que quiere y el que controla. El deseo pretende un objetivo, la inteligencia ejecutiva lo compara con un criterio y lo acepta o rechaza. Los psicólogos han insistido en la existencia de este mecanismo comparador, y consideran que el poder de inhibir los impulsos es requisito imprescindible para una conducta inteligente. Un individuo desea beber, y su inteligencia ejecutiva se lo prohíbe porque va a conducir. Poincaré, el gran matemático, decía que la creación matemática era inconsciente, pero que después tenía que ser conscientemente evaluada. Un artista tiene numerosas ocurrencias creativas, pero donde radica su novedad es en el criterio que aplica. Thomas S. Eliot, Premio Nobel de Literatura, escribió: «Probablemente la mayor parte del trabajo de un autor al componer su obra es la labor crítica, el trabajo de construir, omitir, corregir y probar». La producción lingüística sin mecanismo de selección conduce a un fenómeno patológico: la logorrea. La elaboración de un criterio de selección propio es la gran creación de los creadores, lo que los individualiza. *«J'ai seul la clef de cette parade sauvage»*, escribió Rimbaud. Solo yo tengo la clave de este desfile salvaje de ocurrencias poéticas. Lo mismo se puede decir de las creaciones religiosas, morales o políticas: su criterio de selección define su calidad.

Tuit 52. La más alta creación de la inteligencia son los criterios de selección

Usbek afina más. Si la inteligencia ejecutiva controla la conducta, el criterio de selección es el mecanismo que ocupa la jerarquía superior. Por seguir con la metáfora, es el reglamento que recibe la aduanera para aplicarlo. Va a controlar al controlador. Por eso, los sistemas sociales han intentado siempre fijar esos criterios de selección para influir así en las personas. La historia de la inteligencia muestra la evolución de esos criterios. En un estudio comparativo de las concepciones de lo que era «ser inteligente» en la cultura de un tribu africana y de los estudiantes universitarios americanos, se observó una diferencia en el criterio de evaluación. Para los americanos, la inteligencia era la capacidad de pensamiento y conocimiento de alto nivel. Para los africanos era la capacidad de colaborar con la sociedad. Occidente, piensa Usbek, ha valorado por encima de todo la verdad y la libertad, y ha organizado todos sus mecanismos educativos para que tuvieran vigencia. ¿Qué hubiera pasado si hubiera entronizado en ese puesto a la bondad o a la justicia, como objetivo básico de la educación?

Tradicionalmente, las normas eran fijadas e impuestas por la sociedad. Era de esperar, puesto que la inteligencia ejecutiva ha sido un producto de la domesticación ejercida por el grupo. Margaret Mead contó que durante su estancia en un poblado de la Melanesia ocurrió una muerte violenta. Cuando preguntó a unos miembros de la tribu lo que pensaban, le contestaron que aún no lo sabían porque el jefe no les había dicho lo que tenían que pensar ni qué sentir. Incluso en una cultura que valoraba tanto la razón individual, como era Grecia, Sócrates, aun sabiendo que era inocente de la acusación por la que le condenaron a muerte, no quiere rebelarse y acepta la sentencia. En el drama *Antígona*, de Sófocles, la protagonista cree que debe desobedecer las leyes de la ciudad para respetar las obligaciones de la piedad familiar. El coro la increpa y la insulta acusándola de ser autónoma. Esta expresión intriga a Usbek, quien sabe que en la actualidad los sapiens defienden como objetivo esencial precisamente la autonomía. Pensó que era una evolución que merecía ser estudiada. ¿Qué cambio había sucedido en la manera de considerarse la inteligencia a sí misma para pasar de rechazar la autonomía a buscarla con denuedo?

Al hacerse esa pregunta, Usbek se encuentra con la tercera revolución axial, que coincide con el protagonismo de Europa y con lo que suele llamarse la «modernidad». La primera apareció simultáneamente en todo el mundo; la segunda ocurrió en gran parte de Eurasia. La que ahora contempla Usbek aparece en Europa, pero sus efectos han sido globales. La inteligencia humana, acostumbrada a plegarse a los criterios comunes, se declara autosuficiente y libre.

Tuit 53. El ser humano pasa de ser criatura a ser creador

Durante toda la Edad Media, el ciudadano europeo se vivió a sí mismo como súbdito político y como creyente religioso. Es decir, como oveja del rebaño político o del rebaño religioso. Una muestra de que ambos dominios coinciden es que en 1555, para poner fin a las terribles guerras de religión, se firma la Paz de Augsburgo en la que se autoriza a los reyes para que elijan la religión de sus pueblos. Algo que en la actualidad se considera prerrogativa individual, en aquel momento se aceptó que fuera decidida por los soberanos. Lo aceptaron tanto las autoridades políticas como las religiosas.

En la virtud principal de la vida social era la obediencia. El cristianismo, la religión más extendida en Europa, había insistido en la idea de que el pecado original había dañado la inteligencia humana. El conocimiento pleno había sido revelado por Dios, y debía aceptarse confiadamente por fe. El gran cambio que acontece en esta tercera era axial es que el sapiens se rebela, afirmándose como libre y autónomo. Es un movimiento que comienza en el Renacimiento. Aparece el humanismo, que significa que las letras humanas se separan de las letras divinas. La razón se independiza de la fe. Incluso dentro del cristianismo, la reforma protestante es una insurrección contra la jerarquía. El hombre no necesita intermediarios humanos para llegar a Dios, y tampoco precisa de autoridades que le digan cómo debe interpretar las Escrituras. «El descubrimiento del individuo –sostiene Colin Morris– fue uno de los desarrollos culturales más importantes ocurridos entre 1050 y 1200.»

El ser humano que se ha sentido «criatura» se piensa a sí mismo como creador. El modelo es el arte. El sapiens tiene que crearse a sí mismo. Usbek reconoce en esta actitud la culminación del proceso expansivo, del afán de superación, de la *hybris* del ser humano. En un momento de exaltación, el humanista Pico della Mirandola hace decir a Dios, refiriéndose al hombre: «Ni celeste ni terrestre, tampoco mortal ni inmortal, así te hemos hecho para que puedas ser libre según tu voluntad y honor, para que puedas ser tu propio creador y constructor. A ti solo te hemos dado la libertad de crecer y de desarrollarse según su propia voluntad». Así, afirmaría Giordano Bruno, «alejándose cada día más de la animalidad, se acerca cada vez más a las alturas de la divinidad». Giorgio Vasari admira tanto a los pintores cuya biografía escribe que los llama «dioses mortales». Estamos muy lejos del mono inteligente que tardó dos millones de años en inventar el lenguaje. Ahora se ve a sí mismo como creador, capaz de definirse como quiera, y libre para hacerlo. Es el triunfo de Prometeo, del hombre rebelde. Los griegos inventaron ese mito para advertir de la falta que temían más: la *hybris*, la desmesura, la soberbia. Prometeo, que no temía a los dioses, les robó el fuego y las artes. El hombre moderno, como defendió siglos después Albert Camus, es, ante todo, el hombre que se rebela.

Hasta este momento, la soberbia había sido el gran pecado. En la Biblia, el sapiens es expulsado del paraíso por aspirar a conocer y querer ser como dioses. La condena de la soberbia por los teólogos medievales tenía también una motivación política. En una época muy jerarquizada, en que se daba una interpretación sagrada del poder, era fácil y útil para el gobernante convertir la rebelión contra el poderoso en una rebelión contra Dios. La gran virtud era la obediencia al legislador máximo –Dios– y a sus representantes –el Papa y el soberano–. Este sistema empieza a resquebrajarse. La ley natural, impresa en el corazón de todos los hombres por Dios, va a ser sustituida por la razón humana como última referencia. Este movimiento es considerado otra muestra más de soberbia. Bernardo de Claraval ataca a Pedro Abelardo, un eminente lógico, por estar «dispuesto a dar razón de todo». Pero el movimiento liberador de la inteligencia continuará avanzando.

Tuit 54. ¿Y si la verdad fuera una fuerza?

El criterio racional se impone. La inteligencia ejecutiva debe impedir que pasen a la acción deseos o proyectos que no sean racionales. El núcleo de ese criterio es la lógica, cuyas leyes permiten una afirmación asombrosa: si la inteligencia parte de unas premisas verdaderas y aplica las normas lógicas, necesariamente llegará a otra verdad. La lógica es un invento maravilloso, pero exige una austera disciplina, porque la inteligencia es más anárquica, y le gusta andar con botas de siete leguas. Los mitos eran más bellos, la magia más esperanzadora y las creencias más sencillas. La inteligencia humana está acostumbrada a tratar con peras y manzanas y le cuesta trabajo pensar con formas abstractas, por eso los niños se rebelan cuando en la pizarra aparecen las letras x o y como representantes de las peras o las manzanas que conocen. Además, la inteligencia humana busca parecidos constantemente, disfruta viviendo en el reino del «como si»: «los dientes son como perlas», «los ríos son como las venas de la tierra», «la cebolla es una redoma de cristal enterrada», «la alcachofa es un guerrero vestido con una armadura vegetal»… Los habitantes de Nueva Guinea tienen complejos tabúes alimentarios basados en los parecidos. Para que sus hijos se conviertan en hombres tienen que evitar alimentos que parezcan vaginas, incluida cualquier cosa que sea roja, húmeda, viscosa (A. Meigs, *Food, Sex, and Pollution: A New Guinea Religion*, Rutgers University Press, New Brunswick, NJ, 1984).

Pero el uso racional de la inteligencia tiene unas ventajas indudables. El conocimiento es mejor que la ignorancia, la verdad es mejor que el error, la argumentación es mejor que la aceptación dócil. El pensamiento hindú acuñó el concepto. Gandhi, en la tradición hinduista, acuñó el término *satyagraha*, que significa «la fuerza de la verdad», que hace que al final venza. Si no calculo bien el arco, el puente se caerá. Si pienso que el enfermo está endemoniado y hay que someterle a un conjuro, el enfermo seguramente morirá. Si se acepta la autoridad sin pedirle razones, la autoridad abusará. Por muchos caminos se llegaba a la misma conclusión. El uso racional de la inteligencia permitía encontrar verdades comunes para todos, mientras que los otros usos de la inteligencia —el estético, el pasional, el político, el religioso— llevaban a la discordia.

Grecia había supuesto un paso de gigante en esta dirección, poniendo los cimientos de la ciencia, de la lógica y de la democracia como forma de resolver los conflictos humanos, haciendo que combatieran los argumentos sin necesidad de que combatieran las personas. El afán de saber, la filosofía, se alejaba del mito. La ciencia se basaba en la experiencia compartida, en razonamientos bien hechos, en comprobaciones repetidas, en aplicaciones prácticas. La razón permitía tomar mejores decisiones.

Una vez establecidos con firmeza esos criterios en la inteligencia ejecutiva, la inteligencia generadora se iría acomodando a ellos y, mediante la educación, adquiriría los hábitos para pensar racionalmente cuando fuera necesario. Cuando ese hábito no existía, o cuando una patología alteraba el poder de control, aparecían las demencias, la incoherencia, la irracionalidad. Cuando no era muy fuerte, era temporalmente sustituido por el deseo o la pasión.

La razón se expandió en la ciencia y en la tecnología, que se aliaron con la economía y supusieron el triunfo de Europa. Usbek tuvo la impresión, sin duda un poco engreída, de que estaba descubriendo el hilo de la historia. O al menos uno de ellos.

Tuit 55. Por qué la razón debe aprender de la sinrazón y viceversa

En otras culturas, la inteligencia evolucionó de manera diferente. Sabían utilizarla racionalmente, y hubo muy pronto tratados de lógica y de matemáticas en la India, pero no creyeron que la razón fuera el uso más importante y entrenaron de forma distinta a su inteligencia generadora. Usbek recibió información de los métodos de meditación hindúes, del antilógico pensamiento zen, y de los diversos estilos de pensar occidentales y chinos.

El pensamiento hindú, prolongado por el budismo, comienza afirmando que la experiencia verdadera no es la sensorial y que, por lo tanto, cualquier razonamiento que se haga fundándose en ella no hace más que construir falsedad sobre falsedad.

La experiencia fundamental es la de unión con lo Absoluto, y para eso la razón no tiene gran relevancia. Usbek ha estudiado los Upanishads y los textos budistas. Todos ellos apelan a la experiencia, y lo que hacen es señalar los caminos para conseguirla, que no son caminos racionales. La experiencia no está al principio —como en el pensamiento occidental—, sino al final de un largo entrenamiento. Sus seguidores no pretenden alcanzar la ciencia, la verdad o el conocimiento, sino la iluminación, el *samadhi*, que es admitido en todas las espiritualidades indias. Para el budismo es el descubrimiento de la propia condición de Buda. Para el hinduismo en general es la unión con Brahma, lo Absoluto, en un trance místico. Para los visnuistas es la experiencia mental en la que el fiel ve el cuerpo del dios Visnú. Para el jainismo es la realización individual del espíritu. Reconocen, sin embargo, que esas diferencias son ilusorias, porque todo lo que no sea abismarse en la unidad de lo Absoluto es ilusión. Lo llaman «maya».

Estas creencias desconciertan a Usbek, porque apelan a una experiencia personal como último fundamento. Sus seguidores no intentan imponer una creencia, sino que animan a experimentar. Es como si un alpinista dijera que al alcanzar la cumbre uno se identifica con el universo, siente una felicidad total, y animase a experimentarla. A quien le preguntara: ¿y cómo sé que es verdad lo que me dice?, el alpinista respondería: subiendo. Usbek se siente escéptico, o, mejor dicho, agnóstico, porque piensa que esa experiencia puede ser real pero estar provocada por mecanismos psicológicos y no por una verdadera unión con lo Absoluto. Sin embargo, como no ha subido a la cumbre, no puede decir nada más.

Lo que sí puede decir es que tanto la decisión de usar racionalmente la inteligencia como la de decidir usarla místicamente responden a una misma aspiración a ser feliz, pero buscada por caminos diferentes.

 La memoria proporciona a Usbek un dato interesante: Barbara Ehrenreich ha estudiado la importancia de los éxtasis comunitarios en la Antigüedad, que se manifiestan por ejemplo en los bailes colectivos. Piensa que Europa los abandonó con el auge del individualismo, y que dejó de interesarse por

la búsqueda de la alegría colectiva. Solo recupera esa emoción grupal en ciertas ocasiones; por ejemplo, en los grandes festivales de música popular (B. Ehrenreich, *Una historia de la alegría. El éxtasis colectivo de la Antigüedad a nuestros días*, Paidós, Barcelona, 2008).

También la experiencia zen se apartó de la racionalidad. Sus defensores no es que eviten la lógica. Es que quieren romper la lógica porque piensan que es una cadena que los ata al mundo de la ilusión. Usbek ha revisado cientos de enseñanzas, en las que el maestro, mediante problemas absurdos, intenta que el discípulo alcance la visión de la verdadera realidad. Un *koan* puede ser una pregunta sin aparente sentido. Uno famoso es «¿Cuál es el sonido de una sola mano que aplaude?» o «¿Cuál era tu rostro original antes de nacer?». El practicante investigará este tipo de preguntas con una concentración total hasta que su razonamiento conceptual quede erradicado, y así pueda surgir *prajñā*, la sabiduría intuitiva. Esto ocasionará un despertar (en japonés, *satori* o *kenshō*) a su naturaleza búdica, la iluminación.

 Aportaré información que conozco, antes de que la memoria de Usbek lo haga. Los estudios de Richard Nisbett, expuestos en su libro *Geografía del pensamiento: cómo los orientales y los occidentales piensan de manera*

diferente y por qué, señala que aquellos son más analíticos, y estos tienen una visión más totalizadora, en la que pueden integrarse las contradicciones. Las culturas influyen en la manera como el cerebro procesa los números, según Bower y Zent, de la Universidad de Yale. Mediante resonancia funcional se ha comparado la activación cerebral de hablantes de chino con la de otros de habla inglesa mientras resolvían tareas aritméticas mentales simples. Aunque se utilizaban los mismos estímulos –números arábigos– mostraban una activación de zonas distintas, por lo que los investigadores concluyeron que el reclutamiento de circuitos neuronales para pensar los números depende de factores culturales.

Usbek ya ha mencionado al hablar de las emociones que las estructuras emocionales de la inteligencia también son diferentes. La concepción de la felicidad y los criterios de evaluación también cambian. El deseo de libertad es occidental; los orientales consideran más importantes otros valores, como la armonía, sean alcanzados libremente o no. Le pareció muy interesante que el psicólogo humano más influyente del siglo XX, B. F. Skinner, pensara algo parecido. Insistir tanto en la libertad impedía poner en práctica técnicas para conseguir el bienestar y la paz. En una novela con fundamento científico, titulada *Walden Dos*, expuso lo que podría ser un mundo feliz y justo, sin necesidad de libertad.

En realidad, hinduistas y budistas aspiran a la libertad, pero a una libertad de otro tipo. Quieren liberarse del dolor y de la angustia y eso los obliga a liberarse del deseo, que es lo que los ata a la falsa realidad, a la ilusión, a la maya. Por eso no se preocupan de la libertad social, económica o política. Nada de eso les parece real y, por lo tanto, no es importante. En cambio, toda la cultura occidental ha evolucionado hacia una intensificación del deseo. La razón se puso a su servicio, para intentar satisfacerlos.

Tuit 56. La máxima creación del sapiens ha sido redefinirse como especie

La evolución de la inteligencia occidental siguió el camino del uso racional de la inteligencia, el camino de la ciencia, de la eficacia tecnológica y de la productividad.

El momento máximo del movimiento de rebelión comenzado en el Renacimiento culmina en la Ilustración. Kant lo define como el período en que la inteligencia humana alcanza su mayoría de edad: «La Ilustración es la liberación del hombre de su culpable incapacidad. Incapacidad significa imposibilidad de servirse de su inteligencia sin la guía de otro. Es culpable porque no está causada por falta de inteligencia, sino de decisión y valor para liberarse. *Sapere aude!* Atrévete a pensar».

Usbek respeta mucho esa conquista ilustrada, pero le interesa aún más otra conquista menos valorada. La razón no solo nos defiende de la ignorancia, sino también del fanatismo, que nos hace ser intolerantes y crueles. Voltaire se encrespa con él. Piensa que es una enfermedad que gangrena el cerebro, produciendo toda suerte de desvaríos y crímenes. En 1792, el tribunal de justicia de Toulouse declara culpable a Jean Calas de la muerte de su hijo. Calas era protestante y algunos testigos le acusaron de haber asesinado a su hijo para evitar que se convirtiera al catolicismo. El tribunal estipula el castigo: dos torturas. La primera para que confesase. La segunda, dentro de la misma ejecución de la pena de muerte. Matarle no era suficiente. Le descoyuntaron las extremidades, le introdujeron litros de agua en la garganta, le aplastaron los miembros con una barra de hierro, mientras la víctima persistía en defender su inocencia, cosa que se reconoció dos años después del ajusticiamiento. Voltaire se rebela contra esa justicia: «Alzad la voz por doquier, os lo suplico, por Calas y contra el fanatismo, porque es el infame que causó su sufrimiento», escribió a su amigo D'Alembert, otro ilustrado. El lema de Kant fue «Liberaos de la servidumbre»; el de Voltaire: «Écrasez l'infâme». ¡Aplastad al infame, al fanatismo, a la crueldad! La Ilustración tuvo esa vertiente humanitaria que condujo a Cesare Beccaria a escribir una obra muy influyente contra los horrores judiciales. También Rousseau mantuvo que la compasión era una virtud fundamental. Los ilustrados intentaron unir esas dos ramas evolutivas, siempre en tensión. A una le interesaba más el conocimiento que la justicia, más el poder que la compasión, la afirmación del yo más que el cuidado de la colectividad. La otra, en cambio, se inclinaba más por la justicia, la compasión, la convivencia.

Usbek contempla desde su atalaya las dos posibilidades. A pesar de la nitidez de su dibujo, piensa que los ilustrados habían encontrado una tercera vía, que le pareció un gran triunfo de la inteligencia, en la que culminaría la tercera era axial. Cree que la mayor prerrogativa humana reconocida por la Ilustración y la que suponía una ruptura más tajante con el modelo anterior no era la capacidad de conocer, ni la capacidad de sentir, sino la capacidad del sapiens para legislarse a sí mismo. Era lo que significa literalmente la palabra «autonomía». Darse normas (*nomos*) a sí mismo (*autos*). Como eso suponía arrebatar esa competencia a los dioses, muchos la consideraron la gran soberbia, la gran impiedad. En el paroxismo de su potencia creadora, de su libertad, la inteligencia humana puede constituirse a sí misma: o volver a la animalidad, o permanecer en la indefinición, o definirse clara y voluntariamente. En cierto sentido consistía en aplicar el modelo de inteligencia que había descubierto, en el que la inteligencia ejecutiva era la que acababa dirigiendo la acción.

La Ilustración condujo a las dos grandes revoluciones políticas del siglo XIX, la estadounidense y la francesa, que señalaron que el fin de la política era la «pública felicidad». «¡Con la revolución la felicidad ha venido a Europa!», gritaban los revolucionarios franceses. No era verdad; la felicidad siempre había sido el horizonte de la felicidad humana. Lo que habían visto con claridad es que la felicidad personal, siempre buscada, solo podía conseguirse en el marco de otra felicidad mayor: la de la polis, la de la ciudad, la de la comunidad. Se intentaba recuperar la felicidad colectiva que los pueblos antiguos fundaban en el éxtasis grupal, basándola en asegurar el disfrute individual. Un equilibrio difícil de conseguir. Y lo hicieron considerando que la búsqueda de la felicidad no era un impulso innato, sino, además, un derecho.

La memoria de Usbek vuelve a ser de gran utilidad al aportar testimonios:
–La Declaración de Derechos del buen pueblo de Virginia (1776) afirma que los hombres «tienen derecho a buscar y obtener la felicidad».
–La Declaración de Independencia de Estados Unidos afirma solemnemente: «Sostenemos, por evidentes por sí mismas, estas verdades: que todos los hombres son creados iguales, que son dotados por su Creador de ciertos derechos inalienables entre los cuales están la vida,

la libertad y la búsqueda de la felicidad».

– La Constitución española de 1812 proclamaba: «El objeto del gobierno es la felicidad de la nación».

– La Constitución de Irán (1989): «La república islámica de Irán tiene como ideal la felicidad humana en toda sociedad humana».

– La Constitución de Namibia (1990) consagra los «derechos del individuo a la vida, la libertad y la felicidad».

– La Constitución de Corea del Sur: «A todos los ciudadanos se les garantiza la dignidad, y tendrán derecho a perseguir la felicidad».

– Hans Kelsen, uno de los grandes juristas del siglo XX, precisa: «La búsqueda de la justicia es la eterna búsqueda de la felicidad humana. Es una finalidad que el hombre no puede encontrar por sí mismo y por ello la busca en la sociedad. La justicia es la felicidad social, garantizada por un orden social».

La larga marcha desde la primera era axial parecía culminar ahora. Ambas revoluciones se presentaron como el alborear de un mundo nuevo, basado en los derechos. Tenían conciencia de la novedad. El gran poeta Hölderlin habló de una «nueva hora de la creación». Y Carl von Rotteck escribía: «Ningún acontecimiento mayor que la Revolución francesa en la historia universal».

Hasta ese momento, los sistemas sociales se habían fundado en los deberes: hacia Dios, hacia el soberano, hacia la naturaleza. Ahora, los revolucionarios piensan que lo importante son los derechos y que solo después de aceptarlos se derivan de ellos los deberes. Usbek siente un entusiasmo parecido al que debieron de sentir los padres fundadores de Estados Unidos, o los miembros de la Asamblea Nacional francesa, cuando estuvieron redactando sus constituciones. Tuvo una vez más una «iluminación». Con la apariencia de estar elaborando la constitución para un país, en realidad estaban redactando el esbozo de una Constitución para la Humanidad. Rotas las amarras, el sapiens decidía constituirse como una especie nueva.

La gran novedad no estaba en el reconocimiento de unos derechos fundamentales, que ya llevaba siglos esbozándose, sino en el fundamento que se les había dado: el reconocimiento de esa propiedad de todo miembro de la especie humana, la dignidad. Usbek pensó que los sapiens se habían acostumbrado a repetir de carrerilla esa expresión, sin darse cuenta de lo misteriosa, creativa y extraña que es. Durante toda la historia de la humanidad se había pensado que lo que daba valor a una persona era su comportamiento, su mérito, la dignidad del puesto que ocupaba… Lo que ahora al parecer querían los humanos es que no fuera así. Deseaban que el valor no dependiera de nada, que fuera intrínseco a todos los humanos, con independencia de su comportamiento. La maldad de un ser perverso no le hacía perder su valor y sus derechos. Esto no es verdad ni mentira: es una afirmación constituyente, que nos liga lo mismo que una promesa. Antes de hacerla no hay ningún vínculo, pero la promesa lo crea.

Por eso, el concepto de «dignidad», subrayó Usbek, no tiene sentido para la ciencia, que se limita a estudiar lo que hay. Si el mundo se volviera estrictamente científico, el concepto de dignidad desaparecería, porque es una ficción. Los neurólogos, fisiólogos y zoólogos afirman que el sapiens es un primate muy inteligente, pero dentro de su léxico científico no entra un concepto valorativo como es la dignidad. Decir que el humano es más digno que el chimpancé les parece tan fuera de lugar como decir que el número 10 es más digno que el 7. Sin embargo, los sapiens de la tercera era axial pensaron que afirmarlo era la solución más inteligente para mejorar la convivencia humana y alcanzar la felicidad. No se trataba de que fueran dignos de manera innata, sino de que sería fantástico que se comportaran todos como si lo fueran.

Así, el círculo se cerraba. La humilde naturaleza que emergió de la selva después de una tenaz y con frecuencia equivocada búsqueda de la felicidad giraba sobre sí misma y se redefinía, mediante una Constitución universal, cuyo primer artículo podría redactarse así:

Nosotros, los sapiens, miembros de una especie animal dotada de inteligencia, atentos a la experiencia de la historia, confiando críticamente en nuestra razón, movidos por la compasión ante el sufrimiento y por el deseo de felicidad y de justicia, nos reconocemos y afirmamos como una especie nueva, cuya propiedad fundamental es la dignidad. Es decir, reconocemos a todos y cada uno de los seres humanos un valor intrínseco, protegible, sin discriminación por edad, sexo, raza, nacionalidad o religión. Y afirmamos que la dignidad humana entraña y se realiza mediante la posesión y el reconocimiento recíproco de derechos.

Cuando Usbek abandone nuestro mundo presente dejará a muchos humanos anunciando una nueva era axial, la cuarta, a la que denominan «era posthumana» o «era transhumana». Piensan que la ciencia y la tecnología conseguirán que los humanos alcancen un nivel más prometeico, más eficiente, más placentero. Auguran que la inmortalidad, la felicidad y la superinteligencia están a la vuelta de la esquina. Julian Huxley, un famoso biólogo, había esbozado hacía muchos años ese futuro:

«Hasta ahora la vida humana ha sido, en general, como Hobbes la describió, "desagradable, brutal y corta"; la gran mayoría de los seres humanos (si aún no han muerto jóvenes) han sido afectados con la miseria... Podemos sostener justificadamente la creencia de que existen estas tierras de posibilidad, y que las actuales limitaciones y frustraciones miserables de nuestra existencia podrían ser en gran medida sobrellevadas... La especie humana puede, si lo desea, trascenderse a sí misma, y no solo de forma esporádica, un individuo aquí de una manera, un individuo de otra manera, sino en su totalidad, como humanidad.»

Dentro de cuarenta años, sostienen los optimistas, habrá emergido la Singularidad, una nueva especie, híbrida de biología y tecnología. Tal vez entonces hayamos llegado realmente al «final de la historia» y podamos descansar.

Usbek no parece tan optimista. Después de estudiar la colosal aventura humana, piensa que es difícil que se pueda inventar una idea más poderosa que la de redefinirse como especie dotada de dignidad, ni mejor creación que la de obrar en consecuencia. Tal vez los humanos deberíamos pensarlo seriamente antes de decir adiós a la humanidad.

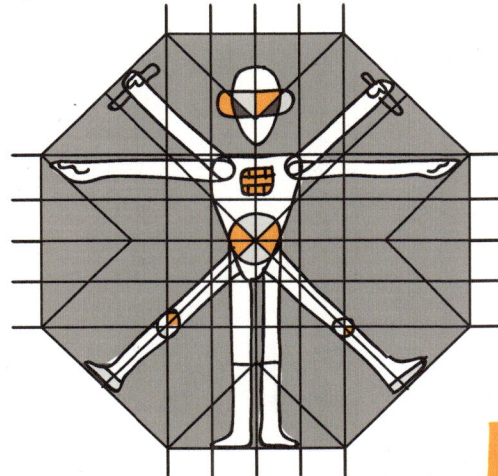

Mapa 8

8 Rebeldes o Sumisos

Es estupendo tener una **inteligencia Generadora** Brillante y Creativa

Pero también debe serlo la **INTELIGENCIA EJECUTIVA**, que es la que selecciona esas Ocurrencias. Imprescindible para una Conducta Inteligente

Int. Generadora · Int. Ejecutiva · CRITERIO

El Criterio de selección dirige la **EVOLUCIÓN**, Igual que hace la Selección Natural

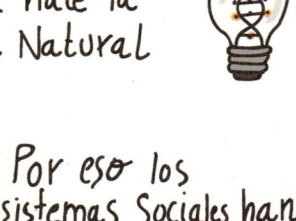

Por eso los sistemas Sociales han Fijado Históricamente esos **Criterios** Para influir sobre las Personas

Esta revolución representa la

3ª ERA AXIAL

3.ª S. XVI-XVIII EUROPA

2.ª 750-350 a.C. EURO-ASIA

1.ª 10.000 a.C. en todo el mundo

El núcleo del Criterio racional es la **LÓGICA**, que permite encontrar verdades **UNIVERSALES**

En la Edad Media la virtud principal era la **OBEDIENCIA**: Rebelarse contra el **PODER** era hacerlo contra DIOS

Pero en la Edad MODERNA la razón se independiza de la Fe, Y el Sapiens declara su **AUTONOMÍA**

EPÍLOGO

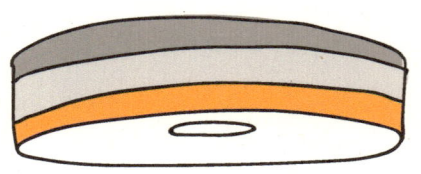

USBEK.

JAM

¿Quién es Usbek?

Tuit 57. Solo desde el futuro posible se puede comprender el presente real

Usbek no es un extraterrestre. Usbek es un posthumano que viene a nosotros desde un futuro próximo. Es decir, es una invención, pero no una invención fantástica, sino la personificación narrativa de las anticipaciones y predicciones que muchos autores hacen en este momento, autores que no son novelistas sino expertos en tecnología, en sociología o en ciencias políticas: Hans Moravec, Ray Kurzweil, Eric Drexler, Francis Fukuyama, Julian Baggini, Luc Ferry, Nick Bostrom, Yuval Noah Harari, Niall Ferguson, Ronald Bailey. En sus obras está basado este epílogo. Puesto que en la narración de Usbek se ha puesto de manifiesto la necesidad humana de contar historias y de crear ficciones, he pensado que podríamos rizar el rizo y acabar la historia también en formato virtual, mediante una conversación mía con Usbek, es decir, con la personificación de un futuro posible. Ya saben, a los sapiens como nosotros nos encantan los relatos, los metarrelatos, e incluso los metametarrelatos.

Si los tecnólogos tienen razón, la generación Usbek ha nacido ya o está a punto de hacerlo, porque sitúan la aparición de la Singularidad, de la nueva era axial humana, alrededor de 2050. En ese momento, la colaboración de la medicina y de la ingeniería genética habrá alargado la vida humana (los optimistas dicen hasta conseguir la inmortalidad) y las aplicaciones de la inteligencia artificial interactuarán con el cerebro humano de una forma rápida y barata. Una superinteligencia, capaz de inventar máquinas más superinteligentes todavía, nos permitirá ampliar y mejorar nuestra naturaleza indefinidamente. La primera era axial supuso el giro hacia las sociedades extensas; la segunda, hacia la interioridad; la tercera, desde el punto de vista humano, fue el triunfo de la ciencia y la tecnología, pero desde el punto de vista de Usbek, su gran creación fue definir la especie humana como animales dotados de dignidad. La cuarta aspira a ser la era de la humanidad permanentemente mejorada. La historia contada en este libro ha terminado en el presente, cuando la cuarta era axial se está esbozando.

JAM: Una pregunta previa antes de entrar en materia. ¿Estoy hablando con usted o con su ordenador?

USBEK: Uno de los cambios más notables que han ocurrido en este salto de era es que nosotros los posthumanos ya no podemos separar ambas cosas. Ustedes, los humanos, ven el ordenador como un instrumento para acceder a cosas ajenas: la información que hay en la nube, los juegos online, los programas operativos que ofrece el mercado. Para nosotros es diferente. El ordenador es la parte informática de nuestra personalidad, de nuestra memoria individual. La memoria que me ha ido informando a lo largo del libro no es una memoria abstracta, no es la memoria de otra persona, no es una memoria compartida, sino la mía, porque la he ido configurando desde la infancia. Se lo explicaré con más claridad. Ustedes saben que la inteligencia humana es biología + memoria. Nosotros pensamos lo mismo, pero con dos cambios. Tanto la biología como la memoria se han ampliado tecnológicamente. Me referiré solo a la memoria. Mi memoria –la memoria de Usbek, la que forma parte de mi personalidad– la he ido construyendo mediante el aprendizaje en dos formatos. Una parte en formato neuronal y otra parte en formato electrónico. Durante el período educativo nosotros vamos construyendo ambas sistemáticamente. La memoria electrónica no es la conexión de mi ordenador personal a la información que hay en la nube. Es mi forma personal de acceder a la nube desde mis conocimientos neuronales, mis emociones, mis intereses, mis proyectos… No es transferible a otra persona, porque las claves están en mi cerebro.

JAM: ¿Cómo lo consiguieron?

USBEK: Ustedes deberían saberlo, porque los humanos estuvieron trabajando en lo que usted llamó «Proyecto Centauro». ¿Por qué no lo pusieron en práctica?

JAM: El nombre no lo inventé yo, sino Garri Kaspárov, el campeón mundial de ajedrez. Después de ser derrotado por un programa de IBM dijo que el jugador de ajedrez del siglo XXI sería un jugador centauro, es decir, un humano acompañado de su ordenador. El Proyecto Centauro no llegó a desarrollarse tal vez porque era prematuro hacerlo. O tal vez porque se trataba de un proyecto iniciado desde el humanismo y no desde un cambio tecnológico, y estos son los que avanzan irresistiblemente.

USBEK: Nosotros también tuvimos dificultades, no tecnológicas sino por lo que llamamos «demarcación de dominios». En cada momento del proceso de aprendizaje tenemos que decidir lo que se aprende en uno u otro formato. Los ordenadores manejan gigantescas masas de información sin comprenderla. Las claves de la comprensión teníamos que elaborarlas en formato neuronal, si queríamos conectar el saber de la nube con la inteligencia personal. De eso se encarga la memoria electrónica personal, que trabaja por su cuenta. La que me ha ido proporcionando datos, relaciones, enlaces, buscados por ella con arreglo al programa implantado en mi ordenador, de acuerdo con mis proyectos de todo tipo. Si yo no hubiera tenido en mi cerebro las claves para interpretar esas «confidencias», no las habría entendido. Mi programa aprovecha la tecnología que ustedes llaman *deep learning*, que permite al ordenador aprender por su cuenta, siguiendo las ecuaciones que yo he fijado. Mientras hablo con usted, está leyendo para mí las últimas publicaciones sobre la evolución de la especie humana.

JAM: Pasemos al tema de esta conversación. ¿Cree usted que ha aparecido la nueva especie?

USBEK: Depende de lo que entienda por una especie nueva. He aprendido de la historia de los sapiens que una especie nueva se define por nuevas competencias fuera del alcance de la anterior. Entre nosotros y ustedes hay la misma distancia que entre los cromañones y los neandertales. Pudieron cruzarse biológicamente, pero los científicos consideran que eran especies distintas.

JAM: ¿Cuáles son esas competencias nuevas?

USBEK: No son las que inventan los autores de ciencia ficción. No hay teletransportación, no hay inmortalidad, no nos hemos convertido en dioses, y no parece que la felicidad esté mejor repartida. Se ha progresado en la prolongación de la vida y en la aplicación de la ingeniería genética. La nanotecnología aplicada al cerebro ha servido para resolver problemas patológicos, más que para hacernos a todos genios.

Se ha progresado en los potenciadores cerebrales químicos, pero sobre todo en la ampliación de la inteligencia cognitiva mediante la colaboración entre cerebro y ordenador. La inteligencia artificial ha conseguido una velocidad de aprendizaje inalcanzable para un humano. Un programa puede aprender a jugar al ajedrez y alcanzar la habilidad de un maestro en unas cinco horas. En este momento, los grandes programas de ajedrez solo pueden competir con otros programas de ajedrez. Se ha convertido en un juego entre programas, del que las personas están excluidas. Me parece una metáfora perfecta de la situación. También se ha ampliado la capacidad de manejar información, de descubrir patrones en masas gigantescas de datos. Hay actividades que han perfeccionado extraordinariamente sus competencias. La medicina ha mejorado en el diagnóstico, en la cirugía, en la prevención. El ejército invirtió mucho dinero para formar «supersoldados». Ha habido ya varias ciberguerras. Lo que ustedes llaman «internet de las cosas» hace que el entorno contenga una gigantesca cantidad de inteligencia objetivada en aparatos, sensores, programas y aplicaciones, y las personas que han sido capaces de utilizar de manera adecuada esos recursos puede decirse que son extraordinariamente inteligentes en el aspecto cognitivo. En mi investigación he aprendido que cambios en el entorno acaban produciendo cambios genéticos y posiblemente estemos en ese proceso.

JAM: ¿Por qué especifica que se ha progresado en el aspecto cognitivo de la inteligencia?

USBEK: La cuarta era axial se basa en una idea de inteligencia que en este momento me parece falsa, aunque me haya educado en ella. Es algo que me ha enseñado la evolución de los sapiens. Ustedes inventaron la inteligencia artificial con el objetivo de copiar la inteligencia humana, pero ahora la inteligencia humana quiere copiar a la inteligencia artificial.

JAM: No le entiendo.

USBEK: Lo único que maneja la inteligencia artificial son datos y algoritmos matemáticos para elaborarlos. Eso significa relacionar la inteligencia con el conocimiento. Pero eso me recuerda un chiste de su época. Un borracho pierde una moneda en un callejón oscuro, y va a buscarla debajo de un farol porque allí hay más luz. El campo de la información era el más claro, el más formalizable, el que mejor se adecuaba al poder de la tecnología, y nos lanzamos apasionadamente por ese camino. Ahora veo con claridad que la función de la inteligencia humana no es conocer, sino dirigir la acción, y que el conocimiento es solo un medio para conseguirlo. El modelo de inteligencia dual que emerge de la evolución humana sitúa en el centro de toda su actividad los criterios de evaluación que van a permitir o no el paso a la acción. Es donde nos la jugamos. La inteligencia artificial no es capaz de elaborar criterios, porque esos criterios se refieren a valores que solo tienen sentido para inteligencias biológicas, que experimentan placer y dolor.

Además, la inteligencia artificial no enlaza con la acción, salvo en el caso de los robots. Hemos supuesto que las buenas decisiones se basan en el conocimiento, en los datos disponibles, y que en consecuencia las máquinas deben encargarse de tomar las decisiones. Eso funciona muy bien cuando las decisiones así tomadas deben obedecerlas las máquinas, no cuando tienen que obedecerlas las personas. Para poder aplicarlas a la acción humana tendríamos que eliminar la libertad del sujeto, y que sea su programa de inteligencia artificial el que decida y monitorice los movimientos corporales. Es decir, robotizar de alguna manera al posthumano. Se está trabajando para cortocircuitar los elementos cerebrales que pueden impedir que un sujeto realice inmediatamente la mejor decisión, adoptada por un ordenador. Piense en los programas de ajedrez. La máquina calcula millones de jugadas por segundo, y elige la mejor. Imagine que la ejecución de la jugada elegida dependiera de un humano que incluso sabiendo que era la mejor solución puede no ejecutarla porque ese día estaba deprimido o porque quería mostrar su repulsa al sistema político en el que vivía o pedir un aumento de sueldo. La solución más eficiente sería eliminar ese intermediario y que el ordenador ejecutara directamente la jugada.

JAM: Me parece usted demasiado escéptico.

USBEK: En absoluto. Los beneficios de que disfrutamos son enormes. Nosotros hemos introducido el «porfolio biológico» de cada persona que se abre al nacer con información sobre su genoma y que está continuamente recibiendo y comparando todos sus parámetros biológicos, a través de sensores implantados en la ropa, o nanosensores insertados en el cuerpo, o introducidos como si fuera una píldora. Eficientes programas vigilan la salud de cada persona y detectan automáticamente cualquier anomalía. Esto ha desarrollado de forma espectacular la ciencia de la prevención. Algo semejante ocurre con el «porfolio educativo», que acompaña también a la persona desde que nace. Cuando el niño llega a la escuela lo hace con su información genética, lo que sirve de ayuda a los nuevos docentes y permite controlar si está aprendiendo adecuadamente durante el período educativo, y saber lo que ha aprendido a lo largo de su vida. Es la pieza fundamental para conseguir un buen empleo. Los grandes datos posibilitan mejorar la educación y la eficiencia de las organizaciones. En estos aspectos la tecnología es imbatible. Los campos en que hemos implantado la robótica y la automatización eran impensables hace treinta años. Tenemos robots que simulan a la perfección los comportamientos de un consejero, un amigo, un psicoterapeuta o un compañero sexual. Ahora, en su mundo humano ya se están abriendo burdeles con robots sexuales.

JAM: Entonces ¿cuál es su crítica?

USBEK: Que la rapidez con que han cambiado las cosas nos ha presionado tanto para poder estar al día, que hemos prescindido de la comprensión de lo que estamos haciendo. El estar reciclándose continuamente –algo que ya nos dejaron en herencia, porque ustedes hablaban sin cesar de re-inventarse, re-novarse, de re-ingeniería– produce una explosión inventiva, pero también un sentimiento de provisionalidad, con descrédito del pasado y poco aprecio del presente porque va a ser superado enseguida. Mi memoria electrónica me advierte en este momento que es una situación parecida a la que vivían las tribus nómadas. También me dice que ustedes ya utilizan la expresión «nómada del conocimiento». La peculiaridad de los nómadas es que no pueden viajar con equipaje, por eso los posthumanos hemos abandonado nuestro interés por el pasado. Durante los últimos veinte años hemos excluido de nuestros sistemas educativos y profesionales toda referencia a la historia. Como puede comprender, en un mundo que se precia de ser posthumano, lo que ustedes llamaban «humanismo» resulta tan anacrónico como escribir a mano. Metafóricamente, estamos navegando con navíos en extremo poderosos y rápidos, sin tener cartas náuticas sobre las que fijar la ruta. El único punto seguro es el poder de la tecnología.

JAM: ¿Cree entonces que conocer el pasado sirve en un tiempo tan acelerado como el suyo?

USBEK: Sí, porque nos permite comprender, cuando ahora a nosotros nos interesa solamente usar. No se trata de conocer los hechos sin más, sino de conocer las experiencias humanas que llevaron a esos hechos. La historia es la narración de la experiencia de la humanidad, pero la habíamos olvidado.

Habíamos olvidado, por ejemplo, las ideas de los padres fundadores de la inteligencia artificial. Allen Newell, hace más de sesenta años, precisaba en su libro *Unified Theories Of Cognition* que la inteligencia se encarga de aportar las soluciones para alcanzar un fin, no de fijar los fines. A pesar de nuestros indiscutibles éxitos, creo que la cuarta era axial puede ser un fracaso si nos equivocamos en elegir los fines. Por eso he querido conocer la historia de los sapiens, de la humanidad, antes de internarnos más en la posthumanidad.

JAM: ¿Y a qué conclusiones ha llegado?

USBEK: La principal es que nos equivocamos al querer superar la tercera era axial en vez de perfeccionarla y realizarla.

JAM: ¿Puede explicarlo un poco más?

USBEK: Creo que la afirmación constituyente del ser humano como animal dotado de dignidad es el mejor modelo de sí misma que ha inventado la inteligencia humana. Pero no era un modelo científico y fue desdeñado por la ciencia y la tecnología. El concepto de «dignidad» es una mera ficción, pero una ficción salvadora. Sin embargo, muchos pensaron que el camino científico-tecnológico era el más seguro para mejorar la humanidad, porque es la plenitud de la inteligencia humana. No supimos elegir los fines. Los teóricos del posthumanismo pensaron que estaban continuando la línea racional, científica, práctica abierta por la Ilustración, pero olvidaron la otra vía, la de la compasión, la igualdad y la justicia. La consecuencia es que hemos progresado enormemente en ciencia y tecnología, y no hemos sabido avanzar en todo lo demás. De hecho, vivimos en un mundo más desigual que el suyo.

JAM: Nos parecía, precisamente, que la tecnología y la ciencia resolverían ese problema.

USBEK: Una parte importante de los beneficios que ustedes preveían se han logrado. La duración media de la vida está ahora en 130 años, la ingeniería genética ha permitido eliminar enfermedades y favorecer capacidades físicas e intelectuales, y la relación con los ordenadores produce efectos espectaculares. La industria del *human enhancement* es el mayor negocio de nuestro tiempo. El problema es que son tecnologías muy caras, que muy pocas personas se pueden permitir. Eso ha hecho que la distancia entre «clases mejoradas» y «clases no mejoradas» se haya ampliado y vaya a hacerlo cada vez más. Es una nueva variante del racismo: se está constituyendo una raza social aparte. Ustedes en su tiempo ya admiten que la pobreza se hereda. Nosotros no hemos hecho más que magnificar esa herencia. Estamos en el comienzo, pero la humanidad mejorada tendrá cada vez más oportunidades y se irá distanciando de las demás. El dinero permite acceder a mejores tecnologías sanitarias y educativas, lo que a su vez posibilita conseguir puestos de trabajo de alto nivel, que a su vez aumentan las posibilidades sanitarias y educativas. Y así sucesivamente.

JAM: ¿Quién es culpable de esa situación?

USBEK: Ahora, después de conocer la historia, creo que ustedes los humanos nos dejaron un planteamiento equivocado, que no hemos sabido corregir porque nos pareció muy atractivo. Para explicárselo tengo que manejar la nutrida información que me proporciona mi memoria. Al principio de la cuarta era axial, a partir de 2020, ustedes no supieron resolver algunas contradicciones que nosotros recibimos como desagradable herencia. Vivían en un mundo globalizado, pero donde, por buenas razones, el individualismo se impuso a modos más sociales de vida. Esto era bueno porque protegía la libertad personal, la decisión personal, la felicidad personal… Los individuos sabían mejor que nadie lo que les convenía. Las relaciones humanas –por ejemplo, las relaciones de pareja– se fueron convirtiendo en la asociación de dos individualidades que buscan su propio provecho. Algo así como un arrendamiento mutuo de servicios. Esto tenía muchas ventajas, pero ni ustedes ni nosotros supimos cómo recuperar los lazos de sociabilidad. Afirmamos con fuerza nuestra autonomía y luego no supimos cómo establecer lazos afectivos o éticos entre seres autónomos. Se impuso como dogma que la mejor manera de mejorar una situación social es que cada uno busque su provecho individual, y no funcionó.

Ustedes y nosotros aceptamos este hecho porque nos pareció que habíamos descubierto una felicidad al alcance de todos, proporcionada por los avances tecnológicos. Se puso de moda la felicidad como producto de consumo, y apareció una «industria de la felicidad». En los países avanzados se extendió un hedonismo de baja intensidad, centrado en la comodidad y en alcanzar un estado placentero de cualquier forma posible. Esa fue la razón del auge de los medicamentos psicotrópicos, de la figura del psicólogo y de las drogas admitidas socialmente. Sin duda la tecnología hizo la vida más cómoda. Cualquier persona de una sociedad avanzada vive más confortablemente que Luis XIV. Podemos dar órdenes verbales a la iluminación, la televisión, los sistemas de aire acondicionado, el automóvil… sin necesidad de esfuerzo alguno. No teníamos que estudiar, porque la red nos proporcionaba los datos que necesitábamos; la automatización redujo los empleos, pero el paro se compensó con la extensión de una renta básica para todos. Además, se fueron mejorando todos los sistemas de realidad virtual, lo que permite a la gente vivir en ella muchas horas al día, en una burbuja atractiva pero irreal. Podemos vivir varias vidas virtuales, sin más peligro que el de engordar por movernos poco. En comparación con ella, el trato humano resulta conflictivo y ás-

pero. El auge de la «gamificación» era otro síntoma de este hedonismo de baja intensidad. Hemos ido bordando la diferencia entre lo real (que es con frecuencia duro) y lo virtual (que es dócil), proceso que ya comenzaron ustedes convirtiendo todo en espectáculo.

JAM: Me está recordando utopías literarias como *Un mundo feliz*, de Aldoux Huxley.

USBEK: En efecto, en cierto sentido es un mundo feliz, para los que acceden a él, aunque sin grandes expectativas. Recibo de mi memoria una información. Puede decirse que es un ideal de vida «indolente», interesante palabra que significa etimológicamente «ausencia de dolor», pero que ha llegado a significar «pereza». Me recuerda también que Kant advirtió que la razón no se había desarrollado por pereza, hasta llegar la Ilustración. Esa felicidad encierra contradicciones que no sabemos resolver.

JAM: ¿Por ejemplo?

USBEK: Una cultura que ha fomentado un individualismo autónomo –uno de sus sociólogos más conocidos, Ulrich Beck, lo denominó «individualismo institucionalizado»– a la vez ha provocado una «devaluación del sujeto». No sé si me estoy explicando bien. Al mismo tiempo que se pone al individuo en el poder, se limita su relevancia. Por ejemplo, en el terreno del conocimiento, les hicieron creer a ustedes que el conocimiento era un agregado de opiniones, hecho posible gracias a la red. Era una tarea colectiva, democrática. De la misma manera que la búsqueda del interés privado iba a producir automáticamente la justicia a través del mercado, pensaron que la defensa de la propia opinión produciría la sabiduría a través de las redes sociales. Todos podían expresarse en ellas. Era un regalo envenenado. En vez de dar importancia a las personas que participaban en la red, se dio importancia a sus opiniones. Se glorificó el derecho a opinar, sin valorar la calidad de las opiniones. Eso supuso un desarme de la capacidad crítica que fue debilitando la posibilidad de defenderse del poder de las redes. Con una ingenuidad pasmosa creyeron que la red nos igualaba a todos, olvidando que solo se limitaban a usarla, pero

que había otro grupo de personas que eran los propietarios de esas redes, las diseñaban y sacaban provecho de ellas. A este «debilitamiento del sujeto» se añadió un factor que ustedes ya habían detectado: un déficit de atención unido a una hiperactividad cognitiva que le hace estar necesitado de breves noticias. Un autor de su tiempo –Niall Ferguson– escribió: «La red satisface nuestro solipsismo (selfis), nuestro breve lapso de atención (240 caracteres) y nuestro apetito, se diría que insaciable, de noticias sobre famosillos salidos de *reality shows*» (*La plaza y la torre*, Debate, Barcelona, p. 443).

La revolución informática ayudó a populistas tanto de derechas como de izquierdas. Aquellos que depositaron sus esperanzas en la «sabiduría» de las masas, imaginando una política benigna y colaborativa, se llevaron una desagradable sorpresa. «Si se da influencia social –señalaban los estudiosos de las redes–, las acciones de la gente se vuelven dependientes unas de otras, lo que socava la premisa fundamental de la sabiduría de masas. Cuando la masa se guía por la interdependencia es posible influir en ella para que propague cierta información masivamente, aun si no es correcta.» De nuevo una contradicción. El grupo se impone al individuo del que, sin embargo, confiesa depender.

Por otra parte, la insistencia en el «derecho a la propia felicidad» ocultó una verdad que se hace evidente al estudiar la evolución de las culturas: que la felicidad privada no puede lograrse más que a través de la «felicidad objetiva», de la «pública felicidad», como decían los ilustrados. De alguna manera, el individualismo se alió con otro valor que parece evidente: el mérito. Esto a simple vista parece un progreso. Fue una de las banderas enarboladas por la Revolución francesa. Los cargos debían ocuparse por los méritos personales, no por la herencia o el dinero. La conclusión es que los derechos deben reconocerse solo a quienes los merecen. Durante todo el siglo XX y principios del actual se discutió la democracia porque igualaba todos los votos, sin tener en cuenta el mérito. Los posthumanos hemos olvidado por qué los humanos habían reconocido los derechos fundamentales a todos los miembros de la especie, hicieran lo que hicieran. Es una de las cosas que he aprendido en mis estudios. El afán universalizador que defendía la Ilustración ha desaparecido. Influyeron muchas causas, por ejemplo, la presión migratoria, que desde la teoría de los derechos humanos no se supo resolver. Se enfrentó el derecho universal a vivir, a trabajar o a buscar la felicidad con el derecho de los miembros de una nación a conservar lo que tenían. Este prevaleció, alentado también por los nacionalismos que supeditaban el ejercicio de los derechos humanos a la pertenencia a la nación. Los enfrentamientos culturales y religiosos también colaboraron al reblandecimiento del modelo de derechos universales, que queda como un recuerdo anacrónico. Los humanos se enfrentaron a un problema de difícil solución.

JAM: Querrá decir a «otro» problema de difícil solución, porque ya me ha presentado varios. ¿Cuál es ahora?

USBEK: Que algunos de esos derechos inalienables pueden entrar en conflicto, y que no se puede resolver el dilema eliminando uno de ellos.

JAM: Póngame algún ejemplo.

USBEK: El derecho de propiedad puede enfrentarse al derecho a la vida, o al desarrollo personal. La libertad puede entrar en conflicto con la seguridad. El derecho a la libertad de expresión puede oponerse al derecho a preservar el honor y la intimidad.

JAM: A la vista del panorama que usted ha pintado, ¿la humanidad ha retrocedido?

USBEK: No. Piense usted en el mundo del atletismo. Los récords son cada vez más asombrosos. Eso quiere decir que se alejan cada vez más de las competencias normales. ¿Es eso un retroceso? No, porque al final esos récords se van generalizando, lo que significa que las competencias normales aumentan. A principios de la década de 1950 los sapiens pensaban que nadie podría correr una milla en menos de cuatro minutos, pero lo hizo Roger Bannister en 1954. Al cabo de unos días lo hizo otro corredor, a finales de 1957 ya lo habían hecho 17, y ahora es algo rutinario. La marca está en 3:43.23. Los niveles de CI, la medición estándar de la inteligencia, han ido subiendo también.

Nosotros batimos continuamente récords en muchísimos terrenos. Hemos ido a la Luna, iremos a Marte, nuestros ordenadores son cada vez más rápidos, vivimos más, controlamos mejor el sufrimiento físico. Es posible también que seamos menos agresivos, pero seguimos sin alcanzar la verdadera inteligencia. Sabemos cómo podríamos resolver los problemas graves que tiene la humanidad, y que producen sufrimientos espantosos, pero no lo hemos intentado realmente.

JAM: ¿Y qué solución ve usted para esta situación?

USBEK: Que ustedes, los humanos, hagan que no se produzca. No se olvide que yo le estoy hablando desde un futuro posible, que puede no realizarse. Ustedes pueden elegir otro sendero. Nosotros no podemos hacer nada, porque no existimos todavía. Usbek no existe.

AUTObio(biblio)GRAFíA

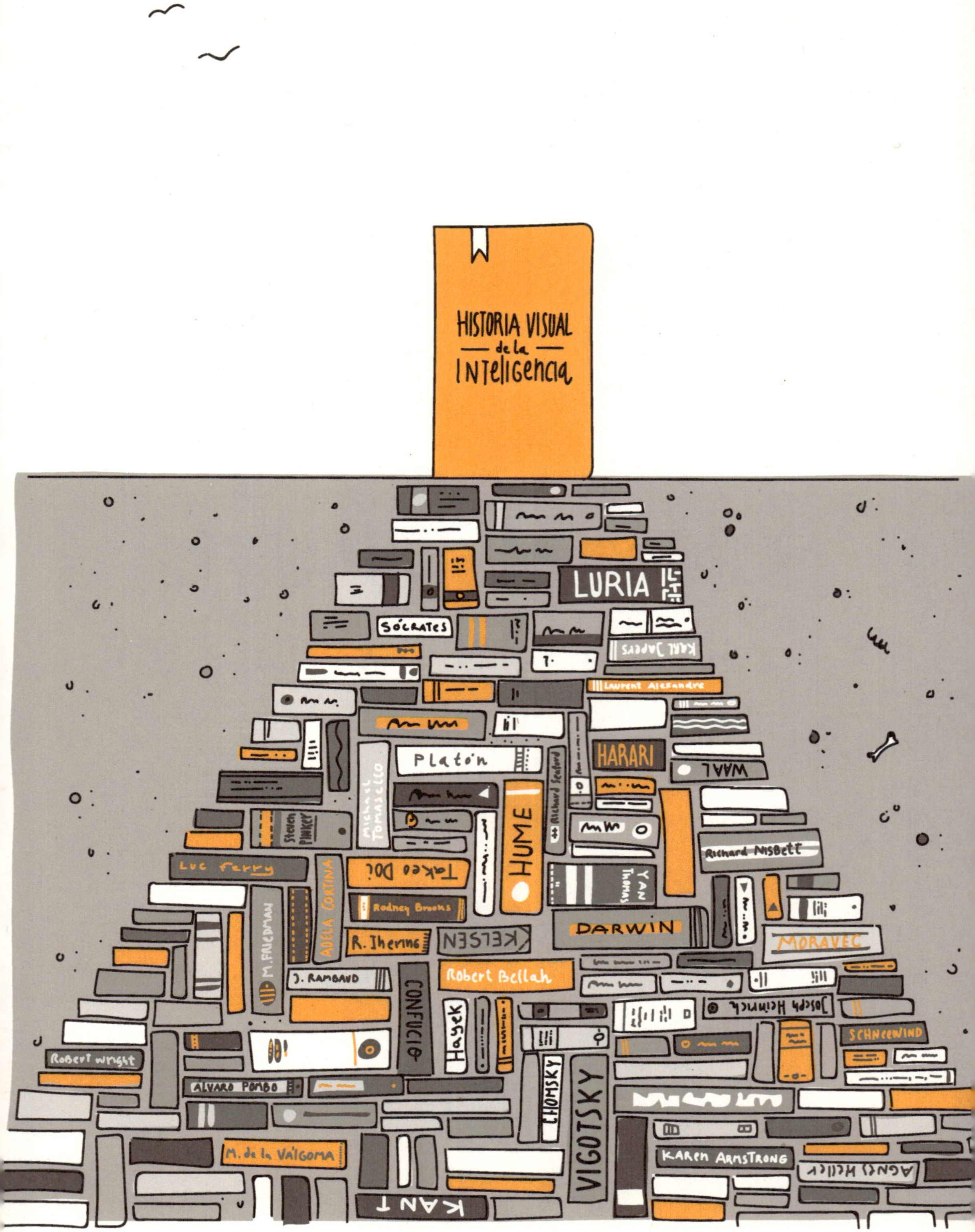

HISTORIA VISUAL
de la
INTELIGENCIA
LURIA
SÓCRATES
KARL JASPERS
Laurent Alexandre
Platón
HARARI
WAAL
Michael Tomasello
Richard Seaford
Steven Pinker
HUME
Richard NISBETT
Luc Ferry
Takeo Doi
YAN Thomas
ADELA CORTINA
Rodney Brooks
DARWIN
M. FRIEDMAN
R. Ihering
KELSEN
MORAVEC
J. RAMBAUD
Robert Bellah
CONFUCIO
Joseph Henrich
Hayek
SCHNEEWIND
Robert Wright
ALVARO POMBO
CHOMSKY
VIGOTSKY
M. de la VAÍGOMA
KAREN ARMSTRONG
AGNES HELLER
KANT

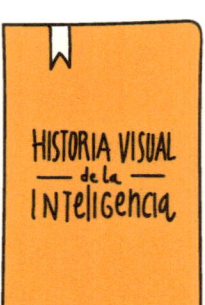

La bibliografía de un libro describe sus cimientos. Ningún trabajo científico puede construirse en el aire. Los cimientos, por supuesto, están ocultos, pero tienen que ser visitables para comprobar su solidez. En mi caso, los libros no son objetos colocados en las estanterías de mi biblioteca. Forman parte de mi vida, y están a la vez dentro y fuera de mí. Mantengo con ellos una relación cordial o conflictiva, según los casos, pero siempre animada. Para designarla, inventé la palabra «autobio(biblio)grafía». En ella se cuenta la historia conjunta del autor y de su libro.

Lo que deseaba en este era narrar la extraña aventura de la especie humana. Sófocles llamó a los sapiens *deinos*, unas criaturas que hacían cosas muy raras, que vivían al mismo tiempo en la realidad y en la irrealidad, en lo material y en lo ideal. A esta mezcla la denominé «animal espiritual». Como su peculiaridad se atribuye a su inteligencia, me resultó evidente que si quería entender su misterio tenía que procurar comprender su inteligencia, que sigue pareciéndome una facultad mágica.

Eso lo he intentado antes por caminos más largos: *Biografía de la humanidad*, *La lucha por la dignidad*, *Teoría de la inteligencia creadora*, *Tratado de filosofía zoom*, *La inteligencia ejecutiva*, *El misterio de la voluntad perdida* y algunas decenas más. En cambio, ahora quería contar la aventura humana con la suficiente brevedad para que se percibiera bien el argumento, sin perderse en la fascinación de los detalles. Algo así como una película rodada con cámara ultrarrápida. Pensé en darle una estructura dramática, en una introducción y tres actos:

Introducción: la aparición de los animales espirituales. La búsqueda del big bang humano.

Acto primero. La primera era axial: la aparición de las ciudades y de la sociedad extensa.

Acto segundo. La segunda era axial: la aparición de la interioridad.

Acto tercero. La tercera era axial: el individuo se rebela.

Para ayudarme a narrar la historia conté con dos colaboradores excepcionales. En primer lugar, Usbek, un personaje que ya había trabajado conmigo en *Diccionario de los sentimientos*, y que me permitía estudiar temas íntimos con una relativa lejanía. Su nombre y su función están tomados de *Cartas persas*, de Montesquieu. El segundo personaje es Marcus Carús, un extraordinario dibujante, a quien pedí que sintetizara gráficamente la historia.

Capítulo 1. Si un extraterrestre nos visitara, lo primero que vería son nuestras creaciones. Desde el espacio se ve la Gran Muralla China y las luces de las ciudades. Su pregunta fundamental sería: ¿cómo tienen que ser estos seres bípedos implumes (Platón) para hacer tantas cosas diferentes? Con buen tino, Usbek eligió un método genealógico para entender nuestra situación. Consiste en remontar desde el producto hasta la inteligencia que lo ha inventado. Estoy completamente de acuerdo con el gran genetista Theodosius Dobzhansky: «Nada vivo puede comprenderse fuera de una perspectiva evolutiva». He seguido con gusto las indicaciones de Peter J. Richerson y Robert Boyd, dos de los investigadores que más han trabajado en estudiar los mecanismos de la evolución cultural. Se quejan de la fragmentación que existe en las ciencias sociales, y consideran que una teoría evolutiva de la cultura podría contribuir a la unificación de las ciencias sociales y relacionarlas, además, con las ciencias biológicas. Lo dicen en *Not by Genes Alone. How Culture Transformed Human Evolution,* The University of Chicago Press, Chicago, 2004. Para la influencia de la cultura en el genoma humano me fue muy útil Kevin N. Laland, *Darwin's*

Unfinished Symphony: How Culture Made the Human Mind, Princeton University Press, Princeton (NJ), 2017. Nietzsche utilizó el método en *Genealogía de la moral*, Michel Foucault lo explicó y aplicó en *Nietzsche, la genealogía, la historia*, y en *La verdad y las formas jurídicas*. He leído con gran atención a Luigi Luca Cavalli-Sforza, en *La evolución de la cultura*, Anagrama, Barcelona, 2007, y a Mark Pagel, *Conectados por la cultura*, RBA, Barcelona, 2013.

Relacionada con la genealogía está la noción de «ingeniería inversa», que es en realidad una genealogía de las máquinas, que se puede aplicar a todas las creaciones culturales. La vi mencionada por primera vez en la obra de Daniel Dennett, *La peligrosa idea de Darwin*, Galaxia Gutenberg, Barcelona, 1999, pp. 343 y ss., y posteriormente vi que la utiliza Ray Kurzweil en *La singularidad está cerca*, Lola Books, Berlín, 2019. Este autor tiene importancia en este libro porque al afirmar que nuestra especie va a cambiar próximamente, cuando llegue la «singularidad» o el «posthumanismo», nos fuerza a pensar en lo que ha sido la humanidad. También está relacionada con la posibilidad de escribir una «historia inversa», contada al revés: B. Greenwood, «Adventures in Learning - History in Reverse», *Gifted Education International*, 12 (1), 1997, p. 39.

La noción de «mundo» es importante. Todos vivimos en la misma realidad, pero interpretándola de diferente manera. Y a esta configuración especial la llamamos «mundo». Debo la idea a un gran biólogo —Jakob von Uexküll—, que ponía como ejemplo el reducido mundo de la garrapata (*Ideas para una concepción biológica del mundo*, Espasa Calpe, Buenos Aires, 1945). Heidegger retomó la idea en *Conceptos fundamentales de la metafísica*, Alianza, Madrid, 2007. El famoso artículo sobre el mundo de la rana se titula «What the frog's eye tells the frog's brain». Y fue escrito por I. Y. Lettvin, H. R. Maturana, W. S. McCulloch y W. H. Pitts (*Proceedings of the IRE*, vol. 47, n.º 11, noviembre de 1959).

Desde hace mucho tiempo doy vueltas a una frase de Wilhelm Dilthey: «Si queremos conocer al ser humano, debemos estudiar las cosas que ha hecho desde su aparición». Esas «cosas» son la cultura. Lo sorprendente es que la inteligencia introdujo al sapiens en lo que he llamado un «bucle prodigio-so». El asunto me pareció tan fascinante que le dediqué un libro entero: *El bucle prodigioso*, Anagrama, Barcelona, 2012. Su argumento es: la inteligencia produce creaciones que revierten sobre la propia inteligencia y la transfor-man. ¡Esa es nuestra verdadera historia! Pero ¿dónde empieza? ¿Dónde situar el big bang, la gran explosión, que dio origen a nuestra especie? Buscándolo, Usbek entra en una biblioteca, y desde ella remonta su curso hasta la crea-ción de la escritura y, más allá aún, a la del lenguaje. Un misterio. La biblio-grafía es interminable. Lo estudié parcialmente en *La selva del lenguaje*, y solo quiero mencionar unas pocas obras: Steven Pinker, *El instinto del len-guaje*, Alianza, Madrid, 2012; Robert Berwick y Noam Chomsky, *Why Only Us. Language and Evolution*, The MIT Press, Cambridge (Mss.), 2013, y Steven Mithen, *Arqueología de la mente*, Crítica, Barcelona, 1998. A pesar de la cantidad de estudios sobre el tema, la aparición del lenguaje continúa siendo un misterio.

Usbek también hace la genealogía del arte, de la ciencia y del derecho. Por razones que solo se entienden al final del libro, esta última me parece es-pecialmente importante. Es relevante la obra de Friedrich Hayek, por ejem-plo, *Derecho, legislación y libertad*, Unión Editorial, Madrid, 1976. Para la historia de las religiones me han sido de gran utilidad las obras de Mircea Eliade y de Karen Armstrong. Una y otra vez aparecen interesantes paralelis-mos. En el caso de los mitos, me remito a Julien D'Huy, «La evolución de los mitos», *Investigación y Ciencia*, 485, febrero de 2017, pp. 68-75, y Michael Witzel, *The Origins of the World's Mythologies*, Oxford University Press, Oxford, 2012.

Capítulo 2. Suele afirmarse que la aparición del pensamiento simbólico es una etapa fundamental en la evolución de la especie humana. La bibliografía es interminable. Me ha interesado mucho la obra de Colin Renfrew *Prehis-tory, Making of the Human Mind*. Jean-François Dortier, en *L'homme, cet* *étrange animal: Aux origines du langage, de la culture et de la pensée*, Sciences Humaines Éditions, Auxerre, 2012, considera que el cambio que explica todas las creaciones de nuestros antepasados es la aparición de la imaginación. Peter Gärdenfors, en *How Homo Became Sapiens*, centra la evolución mental en las «representaciones separadas». Tanto Annette Karmiloff-Smith (*Beyond Modularity*, MIT Press, Cambridge, 1992) como Merlin Donald (*A Mind So Rare*, Norton, Nueva York, 2001; *Origins of the Modern Mind*, Harvard University Press, Cambridge, 1993) insisten en la capacidad de manejar los contenidos de la memoria, las representaciones, como gran novedad de la inteligencia humana.

El interés prioritario en la evolución de las funciones cognitivas ha dejado en el olvido la evolución del mundo emocional humano, como acaba de recordar Jonathan Haidt en *La mente de los justos*, Deusto, Barcelona, 2019. Debemos agradecer a Antonio Damasio en *Y el cerebro creó al hombre*, Destino, Barcelona, 2010, que nos haya proporcionado una visión integrada de la neurología de las emociones y del conocimiento. El objetivo de la inteligencia es dirigir la acción, y en el principio de la acción están los impulsos, necesidades, motivaciones, deseos… Como señaló Hume, el pensamiento está al servicio de la emoción, porque la emoción está al servicio de la acción. Traté el tema en *Las arquitecturas del deseo*, Anagrama, Barcelona, 2007. La capacidad expansiva del pensamiento simbólico expandió el dominio de los deseos. La búsqueda de la felicidad está al final de la acción. Esta es la verdadera historia de la cultura, que puede interpretarse como el resultado confuso e inesperado de la búsqueda de la felicidad. Ese es el argumento de mi libro *Biografía de la humanidad* (Ariel, Barcelona, 2018), que ya había tratado en *Ética para náufragos*, Anagrama, Barcelona,1995, en *La lucha por la dignidad*, que escribí con María de la Válgoma, y en *Los sueños de la razón*, Anagrama, Barcelona, 2003. Información interesante en Darrin M. McMahon, *Una historia de la felicidad*, Taurus, Madrid, 2006.

Capítulo 3. La neurociencia se ha interesado por las funciones no conscientes (R. Hassin, J. S. Uleman, J. A. Bargh, *The New Unconscious*, Oxford University Press, Nueva York, 2006). Paralelamente, se ha desarrollado un gran interés por las funciones ejecutivas del cerebro. De la unión de ambas líneas de investigación ha emergido una «teoría dual de la inteligencia», que la estructura en dos niveles, que he denominado «generador» y «ejecutivo» (D. Kahnemann, *Pensar rápido, pensar despacio*, Debate, Barcelona, 2012; T. Shallice, y R. Cooper, *The Organisation of Mind*, Oxford University Press, Nueva York, 2011). Este nuevo modelo y sus implicaciones educativas y sociales me ha apasionado en los últimos años y he dedicado varios libros a estudiarlo: *La inteligencia ejecutiva*, Ariel, Barcelona, 2012; *Objetivo: Generar talento*, Conecta, Barcelona, 2016, y *Tratado de filosofía zoom*, Ariel, Barcelona, 2016.

El caso de Phineas Gage ha sido estudiado de forma magistral por Antonio Damasio en *El error de Descartes*, y sobre la necesidad de una psiquiatría cultural acaba de escribir otro gran neurólogo: Elkhonon Goldberg, *Creatividad*, Crítica, Barcelona, 2019.

Capítulo 4. He dedicado mucho esfuerzo a reivindicar la memoria, un tema tan misterioso que Henri Bergson acabó admitiendo la existencia del alma para intentar explicar sus asombrosos desempeños. Se ha hablado mucho de la importancia de la cultura en la evolución humana, pero no se había insistido lo suficiente en que eso convertía el aprendizaje (la memoria) en gigantesca fuerza evolutiva. Mi querido amigo, el gran neurólogo Joaquín Fuster, habla de la «memoria filética», la que tenemos codificada ya en nuestras estructuras cerebrales innatas (*Memory in the Cerebral Corte*, MIT, 1999). Muchas investigaciones están convergiendo hacia ese punto. Los estudios sobre la autodomesticación del ser humano: Joseph Henrich, *The Secret of Our Success: How Culture Is Driving Human Evolution, Domesticating Our Species, and Making Us Smarter*, Princeton University Press, Princeton, 2016; Helen M. Leach, «Human Domestication Reconsidered», *Current Anthropology*, 44 (3), 2003.

El interés por el efecto Baldwin, que explica cómo las habilidades aprendidas pueden provocar cambios genéticos: B. H. Weber y D. J. Depew (eds.), *Evolution and Learning: The Baldwin Effect Reconsidered*, The MIT Press, Cambridge, 2003. Uno de los mecanismos para esa transmisión genérica de la cultura es la «construcción del nicho», un ejemplo de «bucle prodigioso». La inteligencia crea un nicho ecológico, y ese entorno influye en la selección genética (F. Odling-Smee, K. Laland y M. Feldman, *Niche Construction: The Neglected Process in Evolution*, Princeton University Press, Princeton, 2003). Una estupenda bibliografía puede verse en James G. Thomas, *Self-domestication and Language Evolution*, tesis doctoral publicada en internet, Universidad de Edimburgo, 2013. Es inevitable mencionar la obra de Michael Tomasello, director del Instituto Max Planck de Antropología Evolutiva de Leipzig, en especial dos libros: *Los orígenes de la comunicación humana*, Katz Editores, Buenos Aires, 2013, y *¿Por qué cooperamos?*, Katz Editores, Buenos Aires, 2010. Hay que añadir, de este autor, *A Natural History of Human Thinking*, Harvard University Press, Cambridge, 2014, y *A Natural History of Human Morality*, Harvard University Press, Cambridge, 2016.

Dos autores que están presentes en toda mi obra, y especialmente en esta, son Lev Vygotsky y Alexander Luria, maestro y discípulo. Vygotsky renovó la psicología. Comprendió la necesidad de estudiar la influencia social y cultural en la construcción de la mente humana, y descubrió las funciones ejecutivas del «habla interior». Indispensable su libro *Pensamiento y lenguaje*, Paidós, Barcelona, 1962. Un buen resumen de su obra está en James V. Wertsch, *Vygotsky y la formación social de la mente*, Paidós, Barcelona, 1988. Alexander Luria me parece el neurólogo más innovador del pasado siglo por sus estudios sobre el papel de los lóbulos frontales, sobre las funciones mentales superiores y sobre el lenguaje. Por uno de esos hechos editoriales sorprendentes, una parte importante de su obra fue traducida al castellano por la desaparecida editorial Fontanella.

Capítulo 5. La co-evolución es un término que compendia parte de lo dicho en el capítulo anterior. Dos clásicos: Terrence W. Deacon, *The Symbolic Species: The co-Evolution of Language and the Brain*, Penguin, Londres, 1997, y M. D. Sahlins y E. R. Service, *Evolution and Culture*, University of Michigan Press, Ann Arbor, 1960. En este capítulo quiero recordar la influencia de Edward O. Wilson, con cuatro libros fundamentales: *Sociobiología*, Ediciones Omega, Barcelona, 1980; *Consilience: la unidad del conocimiento*, Círculo de Lectores, Barcelona, 1999; *La conquista social de la Tierra: ¿De dónde venimos? ¿Quiénes somos? ¿Adónde vamos?*, Debate, Barcelona, 2012, y *El sentido de la existencia humana*, Gedisa, Barcelona, 2016.

También debo expresar mi deuda con Daniel Dennett, un filósofo poco conocido en España, que se mueve con soltura en el campo científico e informático, del que ya mencioné una obra en el capítulo 1. En este capítulo han influido dos libros suyos: *La evolución de la libertad*, Paidós, Barcelona, 2004, y *De las bacterias a Bach: la evolución de la mente*, Pasado y Presente, Barcelona, 2017. En *Tipos de mentes*, clasifica los animales como «criaturas darwinianas» (se mueven por selección natural), criaturas skinnerianas (aprenden por ensayo y error), criaturas popperianas (pueden hacer experimentos mentales) y «criaturas gregorianas». Estas últimas se llaman así en honor del psicólogo Richard Gregory, que en *Mind in Science: A History of Explanations of Psychology and Physics*, Weidenfeld and Nicolson, Londres, 1981, señaló la importancia de las «herramientas mentales» para ampliar las posibilidades de la inteligencia. Es la misma idea que defendió Vygotsky.

Otros dos autores fundamentales para el argumento de esta obra son Steven Pinker, tal vez el hombre que más psicología sabe en la actualidad, como se empeña en demostrarnos en sus caudalosos libros, y Norbert Elias, un peculiar historiador que estudió la evolución del autocontrol humano a través de la historia en *El proceso de civilización*, FCE, México, 2011.

Es importante insistir en que la evolución del sapiens se da en una línea cognitiva y en otra emocional. El corazón tiene también su historia. Estudié la variación cultural e histórica de las emociones en *El laberinto sentimental*, Anagrama, Barcelona, 1996. Sobre la emoción japonesa *amae*, Takeo Doi, *The Anatomy of Dependence*, Kodansha, Tokio, 1981. Catherine Lutz fue pionera en el estudio cultural del mundo afectivo en *Unnatural Emotions*, University of Chicago Press, Chicago, 1988, y a través de la semántica, la gran filóloga Anna Wierzbicka estudió las variaciones de las emociones en *Semantics, Culture, and Cognition*, Oxford University Press, Nueva York, 1992.

Tal como lo he descrito en *Los secretos de la motivación*, Ariel, Barcelona, 2011, la felicidad humana es la armoniosa satisfacción de tres grandes deseos: el deseo de bienestar, el deseo de mantener relaciones sociales satisfactorias y el deseo de ampliar las posibilidades personales. Este último se manifiesta por deseos expansivos, como el poder, la creatividad, el afán por superar retos... Marcel Otte, en *À l'aube spirituelle de l'Humanité*, Odile Jacob, París, 2012, subraya este afán prometeico del ser humano desde la prehistoria.

Capítulo 6. Hasta aquí había estudiado la emergencia de nuestra especie. Ahora tenía que estudiar cómo ese nuevo «animal espiritual» creaba la historia. Contar la evolución de la cultura humana es una tarea imposible si no se simplifica drásticamente. He optado por organizarla en torno a tres períodos axiales, tres ejes culturales que hicieron girar el destino de la humanidad y que tienen como iconos la ciudad, la espiritualidad y la rebeldía. Todos los cambios derivan de situaciones anteriores, porque no parece que haya habido saltos gigantescos, sino evoluciones pausadas. El primatólogo Frans de Waal ha dedicado toda su labor investigadora a convencernos de que gran parte de nuestras capacidades no son más que la prolongación de las habilidades de los primates. Lo indican los títulos de sus apasionantes y apasionadas obras: *Primates y filósofos* (Paidós, Barcelona, 2007), *El mono que llevamos dentro* (Tusquets, Barcelona, 2007), *La política de los chimpancés* (Alianza, Madrid, 1993).

Es muy probable que la irrupción del pensamiento simbólico, de una inteligencia generadora más fértil que crítica, produjera en nuestros lejanos antepasados una dificultad para separar lo real de lo irreal. El arqueólogo cognitivo David Lewis-Williams ha insistido en la importancia de los «estados alterados de conciencia», en los orígenes de la humanidad. La presencia del chamanismo en las culturas primitivas le parece una prueba. La gente cambió su religión y su simbolismo antes de convertirse en agricultores, no como resultado de ello. Existen pruebas irrefutables de la precedencia de la religión en este punto particular de la historia humana. Lewis-Williams expone con brillantez sus ideas en *La mente en la caverna: la conciencia y los orígenes del arte*, Akal, Madrid, 2010, y en el libro escrito en colaboración con David Pearce, *Dentro de la mente neolítica*, Akal, Madrid, 2015. Sus estudios sobre el origen de las religiones o el chamanismo me han resultado muy sugestivos: D. Lewis-Williams, *Conceiving God: The Cognitive Origin and Evolution of Religion*, Thames & Hudson, Londres, 2010, y D. Lewis-Williams y J. Clottes, *The Shamans of Prehistory: Trance Magic and the Painted Caves*, Abrams, Nueva York, 1998. Otros autores destacan la importancia de sustancias psicotrópicas en la prehistoria. Robert Carneiro considera que las bebidas fermentadas es un universal cultural en «Scale Analysis as an Instrument for the Study of Cultural Evolution», *Southwestern Journal of Anthropology*, 18 (2), 1962, pp. 149-169. Sabemos que los antiguos indoeuropeos, que fueron genios espirituales, utilizaban una bebida llamada «soma». Daniel Lord Smail ha defendido en su libro *On Deep History and the Brain*, University of California Press, 2007, la necesidad de hacer una historia psicotrópica de la humanidad.

El paso de la vida nómada a la vida sedentaria, hecha posible por la agricultura, desencadenó una cascada de novedades: los excedentes, la ciudad, el Estado, la escritura, las obras públicas, el derecho… El salto importante fue el paso a sociedades extensas, que exigían un nuevo modo de sociabilidad y permitían un aumento de posibilidades. Las ciudades son también una invención en paralelo. Aparecieron en varios sitios. Gwendolyn Leick ha estudiado uno de ellos en *Mesopotamia. La invención de la ciudad*, Paidós, Barcelona, 2002. Peter Clark ha dirigido *The Oxford Handbook of Cities in World History*, Oxford University Press, Oxford, 2013. Véase también el libro de Edward Glaeser, *El triunfo de las ciudades*, Taurus, Madrid, 2011. Hay un consenso entre los investigadores en relacionar la creatividad con el tamaño de las poblaciones. «Existe una correlación entre la dimensión de los grupos sociales de los primates y el volumen del neocórtex que presentan, que señala que fue la necesidad de afrontar el complejo mundo social en el que vivían lo que les llevó a desarrollar cerebros más grandes», escribe Robin Durban, *La odisea de la humanidad*, Crítica, Barcelona, 2004, p. 75. Michelle Kline y Robert Boyd lo han mostrado en su artículo «Population Size Predicts Technological Complexity in Oceania», *Proceedings of the Royal Society B*, vol. 277, n.º 1693, 2010.

Joseph Heinrich considera que el secreto de nuestra especie no reside en el poder de nuestra inteligencia individual, sino del «cerebro colectivo» de nuestras comunidades (*The Secret of Our Success*). Aparece de nuevo la doble historia de la inteligencia humana, una de las sorpresas de este libro: la cognitiva y la emocional. Jonathan Haidt, en *La mente de los justos*, Deusto, Barcelona, 2019, intenta explicar la «ultrasociabilidad» del ser humano, apelando a experiencias afectivas más que racionales. Apareció un poderoso sentimiento humanizador: la compasión, un fenómeno inexistente en el mundo animal, como explica P. Spikins, *How Compasion Made Us Human*, Pen and Sword Books, Barnsley, 2015. La existencia de sentimientos altruistas hacia gente ajena a la familia iba en contra de ideas como las mantenidas por Richard Dawkins en *El gen egoísta. Las bases biológicas de nuestra conducta*, Salvat Editores, Barcelona, 1976. Para explicar esa generosidad, algunos investigadores apostaron por el «altruismo recíproco», que era un sistema *win-win* (Samuel Bowles, Robert Boyd, Ernst Fehr y Herbert Gintis, «Homo reciprocans: A research initiative on the origins, dimensions, and policy implications of reciprocal fairness», *Advances in Complex Systems*, vol. 4, n.º 1, 1997, pp. 1-30). Irenäus Eibl-Eibesfeldt, un gran antropólogo, señaló la tensión entre amor y odio en el origen de las culturas, en *Amor y odio. Historia natural del comportamiento humano*, Salvat Editores, Barcelona, 1994. Otros sentimientos que favorecían el compromiso con los demás son la fama, el prestigio y la gloria (J. P. Vernant, *El individuo, la muerte y el amor en la antigua Grecia*, Paidós Ibérica, Barcelona, 2001, p. 56). David Hare y Michael Tomasello creen que para desarrollar el nivel necesario de cooperación el grupo marginaba o mataba a aquellos individuos más agresivos, lo que seleccionó a los individuos que controlaban su violencia. Desde el punto de vista neurológico, Gazzaniga está de acuerdo en *¿Quién manda aquí?*, Paidós, Barcelona, 2012. Una buena documentación sobre el tema está en José Luis Herranz Guillén, *Estudio de los fundamentos de la cooperación en la naturaleza humana desarrollados por las ciencias sociales*, tesis doctoral publicada en internet, Universidad de Salamanca.

El tema de la inteligencia de las sociedades lo he tratado en *Las culturas fracasadas. El talento y la estupidez de las sociedades*, Anagrama, Barcelona, 2010. Franz Johansson, en su obra *El efecto Médici*, popularizó ese concepto. Véase también J. F. Padgett y P. D. McLean, «Organizational Invention and Elite Transformation: The Birth of Partnership Systems in Renaissance Florence», *American Journal of Sociology*, vol. 111, n.º 5 (marzo de 2006), p. 1545.

Capítulo 7. El concepto «era axial» para referirse a la etapa de las grandes innovaciones religiosas lo propuso Karl Jaspers en *Origen y meta de la historia*, Alianza, Madrid, 1980, pero ha ido ganando aceptación. Cito textos de Merlin Donald, «An Evolutionary Approach to Culture: Implications for the Study of the Axial Age», en Robert Bellah y Hans Joas (eds.), *The Axial Age and Its Consequences*, Harvard University Press, Cambridge, 2012; Benjamin

I. Schwartz, «The Age of Transcendence», *Daedalus*, 104, 2, 1975; Björn Wittrock, «The Axial Age in Global History», en la obra citada dirigida por Bellah y Joas.

Especial brillantez en este tema tienen las obras de Robert Bellah, *Religion in Human Evolution: From the Paleolitic to the Axial Age*, Harvard University Press, Cambridge, 2011. La obra de Karen Armstrong, *La gran transformación*, Paidós, Barcelona, 2007, es indispensable, al igual que el resto de las obras de quien me parece la historiadora de las religiones más interesante en la actualidad. Libros como *Historia de Dios*, Círculo de Lectores, Barcelona, 1993; *En defensa de Dios*, Paidós, Barcelona, 2009, y *Los orígenes del fundamentalismo en el judaísmo, el cristianismo y el islam*, Tusquets, Barcelona, 2017, son admirables.

No podemos comprender la evolución del ser humano si prescindimos del hecho religioso. Los antropólogos han señalado que se trata de un fenómeno cultural universal (Nicholas Wade, *The Faith Instinct: How Religion Evolved and Why It Endures*, Penguin, Nueva York, 2009), que coincide con la aparición de la cultura (Mircea Eliade, *La búsqueda*, Kairós, Barcelona, 2007), que fue fundamental para la propia creación cultural (Roy A. Rappaport, *Ritual y religión en la formación de la humanidad*, Ediciones Akal, Madrid, 2016). Los psicólogos han intentado explicar esta universalidad (Steven Pinker, *Cómo funciona la mente*, Destino, Barcelona, 2001; Pascal Boyer, «Functional Origins of Religious Concepts: Ontological and Strategic Selection in Evolved Mind», *Journal of the Royal Anthropological Institute*, vol. 6, n.º 2, 2000). David Sloan Wilson, en su brillante libro *Darwin's Cathedral: Evolution, Religion, and the Nature of Society* (University of Chicago Press, 2002), sostiene que una actividad tan costosa no se habría mantenido si no tuviera alguna utilidad evolutiva.

La noción de «grúa» la utilizamos María de la Válgoma y yo en *La lucha por la dignidad*, pero después descubrí que la había usado Daniel Dennett en *La peligrosa idea de Darwin*. Me parece una metáfora brillante y la he empleado en muchas ocasiones, por ejemplo, en *Tratado de filosofía zoom*. Las semejanzas entre la experiencia religiosa y la experiencia estética –ambas ascendentes– es estudiada exhaustivamente en la gigantesca obra de Hans Urs von Balthasar –«posiblemente el hombre más culto del siglo XX», según Henri de Lubac– en siete nutridos tomos, *Gloria. Una estética teológica*, Ediciones Encuentro, Madrid, 1985-1989. Se oyen los ecos de la frase de Dostoievski: «Solo la belleza salvará al mundo».

La segunda era axial –de la reflexión y del metaconocimiento– se dio también en política y en economía. El tema del dinero siempre me ha fascinado, y lo he tratado como una de las grandes ficciones de la inteligencia humana en *Tratado de filosofía zoom*. Solo mencionaré algunos libros de muy diferente enfoque: Richard Seaford, *Money and the Early Greek Mind*, Cambridge University Press, Cambridge, 2004; Jack Weatherford, *The History of Money*, Three Rivers, Nueva York, 1997; Milton Friedman, *Paradojas del dinero*, Grijalbo, Barcelona, 1992, y David Graeber, *En deuda. Una historia alternativa de la economía*, Ariel, Barcelona, 2012, y por su envidiable mezcla de conocimiento y humor, los libros de John Lanchester *Cómo hablar de dinero*, Anagrama, Barcelona, 2015, y *¡Huy! Por qué todo el mundo debe a todo el mundo y nadie puede pagar*, Anagrama, Barcelona, 2010.

La idea de que el progreso de la humanidad lo constituye la adopción de «soluciones de suma positiva», en la que todos los participantes ganen algo, la tomé del brillante libro de Robert Wright, *Nonzero: The Logic of Human Destiny*, Vintage, Nueva York, 1999.

Capítulo 8. La idea de que el criterio de evaluación es la gran creación de la inteligencia apareció ya en *Teoría de la inteligencia creadora*, y volvió a aparecer en el libro que escribí con Álvaro Pombo: *La creatividad literaria*. Es también una consecuencia ineludible de la «teoría dual de la inteligencia». Si la inteligencia es la encargada de dirigir «bien» la acción, de buscar «buenas» soluciones, eso plantea la relación de la inteligencia con los valores, o lo que es igual, con el mundo emocional. Es el enlace de la inteligencia con la ética. Es lógico que esta línea interese tanto a Usbek, porque es el problema que tenemos planteado nosotros. La ciencia no basta para definir nuestro mundo. En *Biografía de la humanidad*, Javier Rambaud y yo defendimos que la creación humana que mejor señala el progreso es la evolución de los derechos. Estoy de acuerdo con Rudolf von Ihering, el gran historiador del derecho: «El curso de las ideas morales en el tiempo es todavía más maravilloso que el movimiento de los cuerpos celestes» (Rudolf von Ihering, *La lucha por el derecho*, Cajica, Puebla [México], 1957; *El fin del derecho*, Cajica, Puebla [México], 1961).

Al principio del libro afirmé que la historia de la cultura es la tanteante historia de la búsqueda de la felicidad, pero hay que distinguir entre la felicidad subjetiva, personal, y la felicidad objetivada, la social y compartida. La justicia, como señaló Hans Kelsen, constituye esa «felicidad social» (*¿Qué es la justicia?*, Ariel, Barcelona, 1957). El tema de la «pública felicidad» es esencial en la ideología política del siglo XVIII: Francesc Romà i Rossell, *Las señales de la felicidad en España* (1768), Alta Fulla, Barcelona, 1989; Luca Scuccimarra, «"… popolo infelice non ha patria". Politiche della felicità nel Settecento», en B. Consarelli y N. di Penta (eds.), *Il mondo delle passioni nell'immaginario utopico*, Giufé, Milán; Anna Maria Rao (ed.), *Felicità pubblica e felicità privata nel Settecento*, Edizioni di Storia e Letteratura, Roma, 2012.

La tercera era axial supone un cambio en los criterios de evaluación y en quién debe fijarlos. «Atrévete a pensar» es «atrévete a tomar tus propias decisiones» (Immanuel Kant, «¿Qué es la Ilustración?», en *Filosofía de la historia*, FCE, México, 1985). Aparece el individualismo y también el pensamiento crítico. Eso rompía una lógica potentísima en la evolución: la docilidad. Elkhonon Goldberg ha estudiado recientemente la importancia de la obediencia en *Creatividad*, Crítica, Barcelona, 2019. La búsqueda de la autonomía supone una ruptura con una tradición milenaria y multicultural de la obediencia (J. B. Schneewind, *La invención de la autonomía: Una historia de la filosofía moral moderna*, FCE, México, 2009).

Richard Nisbett ha estudiado experimentalmente las diferencias entre el modo de pensar oriental y occidental, en *The Geography of Thought*, Free Press, Nueva York, 2003. La psicología cultural ha llevado hasta la exageración las diferencias: R. A. Shweder, «Cultural psychology – what is it?», en J. W. Stigler, R. A. Shweder y G. Herat (eds.), *Cultural Psychology: Essays on Comparative Human Development*, Cambridge University Press, Cambridge, 1990; T. Tsunoda, *The Japanese Brain: Uniqueness and University*, Taishukan Pub., Tokio, 1985; J. Valsiner, *Culture in Minds and Societies. Foundations of Cultural Psychology*, Sage, Londres, 2007; J. Valsiner, «Cultural psychology today: Innovations and oversights», *Culture & Psychology*, 15, 2007; pp. 5-39; J. Valsiner y A. Rosa (eds.), *The Cambridge Handbook of Sociocultural Psychology*, Cambridge University Press, Cambridge, 2007.

La evolución del concepto de «dignidad» y su utilización como fundamento de un «nuevo derecho natural» lo tratamos María de la Válgoma y yo en la ya citada *La lucha por la dignidad*. La «búsqueda de la esencia» está estudiada en Agnes Heller, *Instinto, agresividad y carácter*, Paidós, Barcelona,1980, y en Arnold Gehlen, *Antropología filosófica*, Paidós, Barcelona, 1993. Desde la ficción jurídica, Yan Thomas dice que el concepto de dignidad transgrede el propio orden de la naturaleza de las cosas para fundarlo de otro modo (Yan Thomas, «Les artifices de la vérité en droit commun médiéval», *Archives de Philosophie du Droit*, XIX, 1974).

Epílogo. Usbek es una dramatización del tipo de inteligencia que estudio en el Proyecto Centauro, al que él mismo se refiere. El título lo tomé de Kaspárov, que después de perder ante un programa de IBM se preguntó: «¿Qué sucedería si, en vez de competir uno contra otro, los humanos y los computadores colaboraran? ¿Qué sucedería si jugaran en equipo un humano y un ordenador frente a otro humano y otro ordenador? De esa manera, cada uno podría aprovecharse del poder del otro. El computador aportaría su rapidez analítica, mientras que el humano aportaría la intuición y el *insight*. Así aparecería el centauro: un jugador híbrido dotado con lo mejor de cada uno» (Clive Thompson, *Smarter Than You Think,* The Penguin Press, 2013). Necesitamos comprender esa inteligencia diferente. Laurent Alexandre se pregunta quién será la cabeza del centauro: ¿el cerebro o el ordenador? En esas estamos, porque el problema más grave que plantea la inteligencia artificial es ¿quién tomará las decisiones en el futuro? Laurent Alexandre, en *La guerre des intelligences,* Èditions JC Lattès, París, 2017, habla de la influencia del bloque NBIC (nanotecnologías, biotecnologías, informática, ciencias cognitivas). Robin Hanson, en *The Age of Em, Work, Love, and Life*, Oxford University Press, 2016, habla de una armoniosa cohabitación de hombres y máquinas.

La literatura de la «posthumanidad» continúa creciendo. De ella he sacado las afirmaciones de Usbek. En mi libro *Biografía de la humanidad* sostenía la tesis de que, ante la llegada de la singularidad, del posthumanismo o del transhumanismo, convenía conocer lo que había sido la humanidad antes de decirle adiós. Algo parecido ha hecho Yuval Noah Harari en sus dos tomos, *Homo Sapiens* y *Homo Deus: Breve historia del mañana,* Debate, Barcelona, 2016, así como en *21 lecciones para el siglo XXI*, Debate, Barcelona, 2019. También entroncando con sus anteriores obras de evolución de las instituciones políticas, Francis Fukuyama dio su previsión en *El fin del hombre: consecuencias de la revolución biotecnológica,* Zeta Bolsillo, Madrid, 2008. Desde la informática más dura, la «paradoja de Moravec» muestra la sorpresa de los especialistas en computación al comprobar que las habilidades sensoriales y no conscientes requieren grandes esfuerzos computacionales. Moravec afirmó: «Comparativamente es fácil conseguir que las computadoras muestren capacidades similares a las de un humano adulto en test de inteligencia, y difícil o imposible lograr que posean las habilidades perceptivas y motrices de un bebé de un año» (Hans Moravec, *Mind Children*, Harvard University Press, 1988). Como conclusión para los interesados por la «ingeniería inversa de las capacidades humanas», afirma: «Debemos esperar que la dificultad sea proporcional a la cantidad de tiempo que ha tardado evolutivamente en aparecer». También me impresionaron mucho los ensayos de un gran experto en robótica: Rodney Brooks, «Intelligence Without Representation», *Artificial Intelligence*, 47 (1-3), 1991, pp. 139-159, y *Flesh and Machines*, Pantheon Books, 2002. Ronald Bailey es otro defensor del transhumanismo: *Liberation Biology: The Scientific and Moral Case for the Biotech Revolution*, Prometheus Books, 2005. Luc Ferry ha escrito *La revolución transhumanista*, Alianza, Madrid, 2017.

Kathryn Asbury y Robert Plomin, en *G is for Genes*, creen que después de secuenciar el ADN cada alumno puede ir a clase con «predictor genético» de sus fortalezas y defectos en el aprendizaje. Stephen Hsu ha escrito: «Super-Intelligent Humans Are Coming: Genetic Engineering Will One Day Create the Smartest Humans Who Have Ever Lived», *Nautilus*, 18, octubre de 2014.

A través de Usbek, pretendo conjurar un peligro. La evolución del ser humano nos ha presentado un progreso en las herramientas cognitivas y ejecutivas, y también la aparición –junto a la agresividad y la insolidaridad– de sentimientos de compasión. En la sexualidad, comprobamos que una relación puramente sexual, que tiene un componente violento, como puede verse en los animales, ha sido hibridada con sentimientos de ternura, como expliqué en *El rompecabezas de la sexualidad*. Las tecnologías de la información proporcionan eso, información. Manejan con una gigantesca pericia los datos, lógicas potentes y algoritmos matemáticos de extremada complejidad, pero no saben manejar el mundo afectivo, que se construye a partir de sensaciones elementales de dolor y placer. De la misma manera que, a partir de elementales capacidades de reconocimiento de patrones, la inteligencia humana acaba creando las maravillosas arquitecturas de la ciencia, a partir de ese mundo afectivo tan elemental, en su continua búsqueda de la felicidad, la inteligencia ha creado las salvadoras creaciones de la ética y del derecho, que culminan en la redefinición del ser humano como «el que está dotado de dignidad». Todo esto es una ficción, pero es una ficción salvadora (José Antonio Marina, «La ética como ficción salvadora», en *Ética y filosofía política: Homenaje a Adela Cortina*, Tecnos, Madrid, 2018). Por cierto, Adela Cortina, educada en una rigurosa tradición kantiana, que expulsaba a los sentimientos de su sistema por «patológicos», ha terminado escribiendo *Ética de la razón cordial*, Ediciones Nobel, Oviedo, 2009.

Como dice Usbek, sería un retroceso olvidar que esa es la verdadera línea del progreso humano, la suprema creación de la inteligencia.

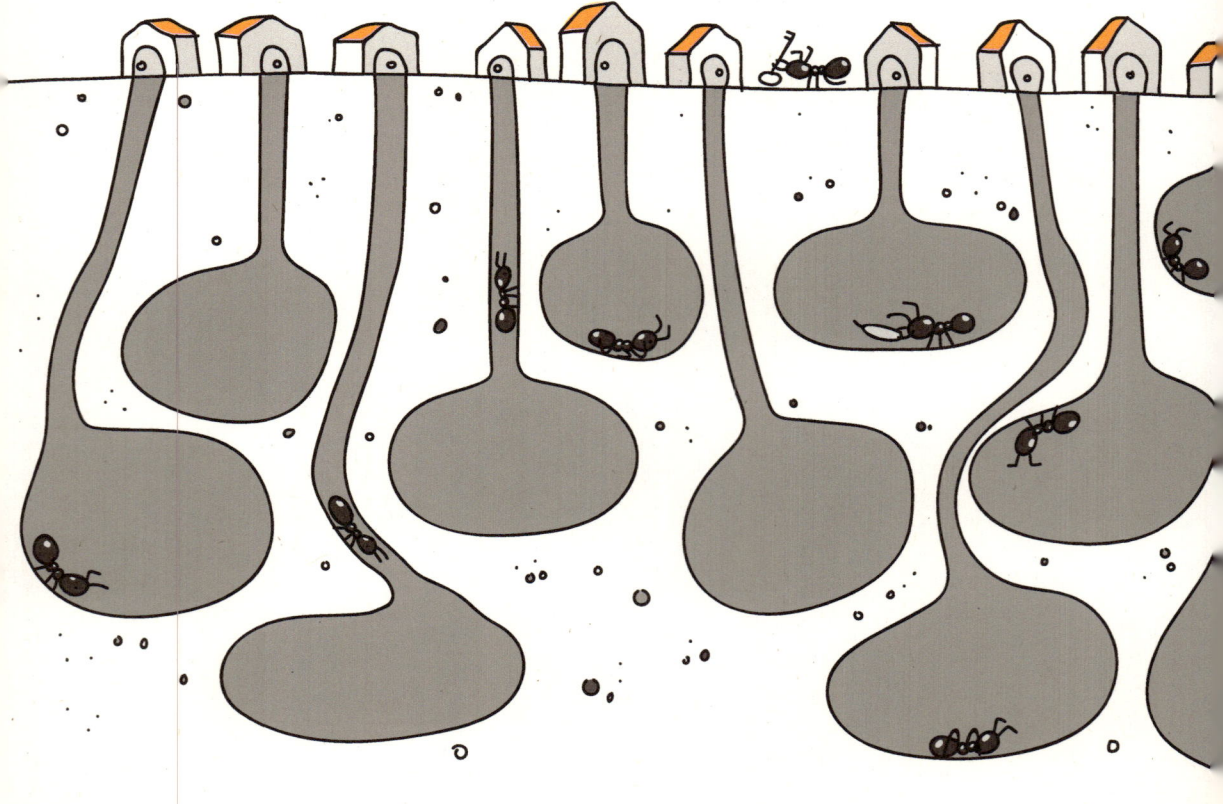